人類史のなかの定住革命

西田正規

講談社学術文庫

学術文庫版まえがき

この地球に人類が出現し、さまざまに変化しながら現在に至り、やがて宇宙から消滅してしまうまで、人類が存在した全ての時間を一望してみたい。「定住革命」を構想したことから生じた私のひそかな願いである。

定住社会とは何かという問いかけは、縄文時代の生活戦略を考察する中から生じた。秋の温帯林に豊かに実るクリやドングリ、クルミなどを大量に蓄えて冬を越す縄文時代の生活戦略は、定住を強く促したに違いなく、あるいは、定住生活を前提としてはじめて機能する生活戦略である。それは、年間を通じて獣を追い、狩を続ける旧石器時代の生活戦略とは大きく異なっている。

定住社会の本質に迫るには、その対極にある、頻繁なキャンプ移動をくりかえす遊動社会との比較研究がなによりも有効な手段になる。定住革命の視点とともに、人類の祖先が未だ類人猿であった時代から連綿と続いてきた遊動社会の進化史と、およそ一万年前の地球の温暖化とともに出現した定住社会の進化史との、双方をながめる視界が開けたのである。

それから二〇年あまりを経て、あの願いが実現したとは言えないものの、「定住革命」によって私に根づいた人類史への関心は、幸いにもたえず新鮮な問いかけに満たされてきた。「定住革命」は人類史への興味をたえず攪拌し、それを明瞭に映しだしてくれるプロジェクターとなった。私には大切な思考の道具である。

「定住革命」は一九八四年、講談社による『季刊人類学』に掲載され、一九八六年に新曜社から出版された『定住革命――遊動と定住の人類史』にも収められた。しかしそれも久しく絶版になり、社会的役割を終えたかと考えていたが、この度講談社学術文庫に入れたいとのお誘いがあった。「定住革命」にはまだ果たすべき役割があるとのこと、ありがたくお受けした。

お誘いと編集のお世話をして下さった講談社の林辺光慶氏に心より感謝を申し上げます。

二〇〇六年一一月一一日

西田正規

目次

人類史のなかの定住革命

まえがき（原本）

不快なものには近寄らない、危険であれば逃げていく。この単純きわまる行動原理こそ、高い移動能力を発達させてきた動物の生きる基本戦略である。

しかし、快なる場所に集まる動物は、そのためしだいに多くなり、ついに、あまりに多くなってしまえば、この楽園の食料も乏しくなり、そして排泄物に汚れた不快な場所に変わるだろう。侵入してくる他の動物を追い払って縄張りを主張することも、また多くの動物社会に見られることである。

サルや類人猿たちは、あまり大きくない集団を作り、一定の遊動域のなかを移動して暮らしている。集団を大きくせず遊動域を防衛することで、個体密度があまりに増加するのをおさえ、そして頻繁に移動することによって環境の過度な荒廃を防ぎ、食べ物にありつき、危険から逃れるのである。このようにして霊長類は、数千万年にもわたって自らの生きる場を確保してきたのである。

霊長類が長い進化史を通じて採用してきた遊動生活の伝統は、その一員として生まれた人類にもまた長く長く受け継がれた。定住することもなく、大きな社会を作ることもなく、稀薄な人口密度を維持し、したがって環境が荒廃することも汚物にまみれることもなく、人類は出現してから数百万年を生き続けてきたのである。

だが、今、私たちが生きる社会は、膨大な人口をかかえながら、不快があったとしても、危険が近づいたとしても、頑として逃げ出そうとはしないかのようである。生きるためにこそ逃げる遊動者の知恵は、この社会ではもはや顧みられることもない。

遊動生活者であるフィリピンのネグリートのキャンプを訪問した時のある日、強い雨が降り、水位を増した流れがキャンプのそばまでやってきた。水を見ていた人たちが、それを危険と判断して皆に知らせてから、持ち物の一切と、子どもやヤシの葉で作った屋根がわりの編み物、燃える火と薪を持って安全な近くの高台に移動するのに、ほんの四、五分もかかっただろうか。彼らは自然の偉大な力でさえも、ほんの数分の手間をかけるだけで軽くいなしてしまった。

ある時から人類の社会は、逃げる社会から逃げない社会へ、あるいは、逃げられる社会から逃げられない社会へと、生き方の基本戦略を大きく変えたのである。この変化を「定住革命」と呼んでおこう。およそ一万年前、ヨーロッパや西アジア、そしてこの日本列島においても、人類史における最初の逃げない社会が生まれた。

逃げない社会のなかにあっても、人々が逃げる衝動を完全に失ったわけではないだろう。定住社会の間隙を縫ってすり抜けるノマド（遊動民）たちは、その後も絶えたことはなく、また、定住社会における不満の蓄積は、しばしばノマドへの羨望となって噴出する。だからこそ定住社会は、ノマドの衝動をひたすら隠し、わけもなくノマドたちに蔑視のまなざしを投げ、否定し続けてきたのであろう。

人類がノマドとして生まれたことからして、あるいはノマドとして生きた時間の深さからして、その生き方は人類の体内の深くに染み入っているにちがいない。だが、たとえノマドへの衝動を持つにしても、すでにこの社会の人類が定住者としてしか生きられないこともまた明らかである。だとすれば、この社会がなすべきことは、ノマドの否定でも蔑視でもないはずである。定住することによって失ったものにも想いを馳せねばならない。ノマドの生き方とその歴史に向かい合う時がきた。

第一章　定住革命

サルや類人猿などの高等霊長類は、互いに認知している一〇〇頭ていど以内の社会集団（単位集団）を形成し、その集団に固有な一定の地域（遊動域）を、毎日のように泊まり場を移りながら生活している。そして人類もまた、出現してからの数百万年を、遊動生活者として生きてきた。遊動生活の伝統は、人類が人類となるはるか以前から、実に数千万年の歴史を持っていることになる。

人類は、出現の初期の段階で直立二足歩行を始めるとともに、ヒト以前からの伝統であった樹上生活を捨てた。人類を特徴づけている道具の使用や狩猟採集経済、大脳の大型化、言語の使用などは、すべて直立二足歩行の出現に伴って派生した一連の進化史的出来事と考えられている。そして人類は、今からおよそ一万年前頃、人類以前からの伝統であった遊動生活を捨てて定住生活を始めた。その後、人類史の時間尺度からすればほんの一瞬ともいえる短時間の間に、食料の生産が始まり、町や都市が発生し、道具や装置が大きく複雑になり、社会は分業化され階層化された。これらのことは、定住生活の出現に伴って生じた一連の歴史的現象と考えることができる。

従来、この時期の人類史の展開には、食料生産の始まったことが、その要因として何より重視されてきた(1)。だが、農耕民でなくとも、北アメリカ北西海岸の諸民族のように、主に漁撈活動によって定住生活を営んだ社会では、食料が大量に貯蔵され、奴隷を伴った社会の階層化があり、建築や工芸技術の高度な発達の見られることがある。また、あとで述べるように、植物栽培の出現も、定住生活をすることから派生した生態学的な帰結の一つであるにすぎないのである。このことからすれば、食料生産よりも、定住生活の持つ意味とその出現する過程を問うことが、ここ一万年の人類史の特異な様相を理解するのにより重要なことではなかろうか。

しかし、ヒッチコックも指摘しているように、定住化現象の人類史的な意味については、これまでほとんど議論されたことがなかった(2)。わずかに先史学的な立場から、晩氷期から後氷期にかけての気候変動期に、多角的経済活動や食料生産の開始によって経済的能力が向上し、それによって定住生活が出現した、と説明されてきたのみである。

定住化の過程について、それを支えた経済的基盤は何であったかとのみ問う発想の背景には、遊動生活者が遊動するのは、定住生活の維持に十分な経済力を持たないからであり、だから定住できなかったのだ、という見方が隠されている。すなわちここには、遊動生活者が定住生活を望むのは、あたかも当然であるかのような思いこみが潜んでいるのである。

だが考えてもみよ。人類は、長く続いた遊動生活の伝統のなかで、ヒト以前の遠い祖先からホモ・サピエンスまで進化してきたのである。とすれば、この間に人類が獲得してきた肉体的、心理的、社会的能力や行動様式は遊動生活にこそ適したものであったと予想することもできる。そのような人類が遊動生活の伝統を捨てて定住することになったのである。とすれば、定住生活は、むしろ遊動生活を維持することが破綻した結果として出現したのだ、という視点が成立する。この視点に立てば、定住化の過程は、人類の肉体的、心理的、社会的能力や行動様式のすべてを定住生活に向けて再編成した、革命的な出来事であったと評価しなければならないだろう。

ここでは、以上の見方に立った人類史の立場から、定住化現象の全体像を示そうと思う。そこでまず、遊動する生活において、遊動することがはたしている機能について述べ、それをもとに、定住生活に必要な諸条件を考えてみたい。最後に、人類に定住生活を選択させた背景を、後氷期の環境と生業活動の変化に注目して考察する。

遊動生活から定住生活へといっても、中間的な移行段階があったにちがいないが、ここでは、定住生活の定義に深くかかわる必要はない。ただ、ごく大まかに、数家族からなる集団が、少なくとも一年間以上にわたって一ヵ所の根拠地（＝村）を継続的に維持し、季節の変化に応じたさまざまな活動のほとんどを、村から通える範囲内でおこなっている生活を考えておけば十分である。

1 遊動の意味

インド洋の東端に浮かぶアンダマン島に住む狩猟採集民、アンダマン島人を調査したラドクリフ＝ブラウンは、彼らがキャンプを移動させる理由として、(1)死者の出た時、(2)狩や漁に便利な場所への移動、(3)季節風を避けての移動、(4)ゴミの蓄積による環境悪化による移動、の四つをあげ、また後にふれるように、(5)理由の明らかでない移動のあることを示唆している(3)。

また、カラハリ砂漠に住むクン・ブッシュマンを調査した田中二郎は、キャンプ移動の意味について、(1)食物の分布や密度の季節変化に応じたキャンプサイズの調節と移動、(2)大型獣の協同狩猟、儀礼、行事などをおこなうための移動と集合、(3)病気、ケガに対しての安全性を高めるための移動と集合の傾向性、(4)必要物資の調達・

交換のための移動、(5)友人、親族の訪問や配偶者を探すなど、情報交換の機能をもった移動、(6)キャンプ集団の分裂を伴った移動による不和や緊張の解消、を指摘し、分裂や集合を繰り返す彼らのキャンプ移動にはこれらの機能的要素が混在していると述べている。(4)

遊動生活をしている狩猟採集民や遊牧民が、キャンプのメンバーを離合集散させ変化させることは、さまざまの民族において広く認められることであり、遊動する社会の基本的な特徴と考えてよいものである。同じような現象は、チンパンジーの社会においても観察されている。彼らは明らかな輪郭を持った一〇〇頭程度の単位集団を形成しているが、日常的には、離合集散を繰り返す小さなグループに分かれて行動しているのである。高い知能を持つ個性的な人間やチンパンジーが集団で生活するとなると、メンバーの間に不満や不和、緊張の生じることも避け難い。このとき、当事者が空間的に分離できる離合集散のシステムがあれば、緊張を解消するのに大きな効果を発揮するであろう。

他集団との関係がキャンプ移動の要因として働くこともある。マセダは、フィリピンに住むネグリート系の狩猟採集民であるママヌアのキャンプが、見知らぬ人の訪問によって移動してしまったと述べているし、また、市川光雄は、イトゥリの森の奥深い、ピグミーのキャンプを訪問しようとした時、不意の接近に驚いた人びとが大急ぎで森に隠れてしまった体験を述べている。[5] 森の中にひっそり暮らす人びとにとって、見知らぬ人の接近は強い恐怖を引き起こすのであろう。また、部族間で家畜の掠奪が頻繁におこなわれるアフリカの遊牧民も、ひとたび抗争事件が起きると、キャンプは安全な場所へと移動してしまうのである。

これまでに述べてきたキャンプ移動の要因は、フィールド調査によって比較的容易に把握しうる類のものであるが、しかし、先に述べたように、遊動民のキャンプ移動が、いつもこのように明確な理由のもとに理解できるわけではないのである。ラドクリフ＝ブラウンは、アンダマン島民のキャンプ移動の四つの動機について述べた後に、「本当のところは、おそらく彼らは、自然の資源を最も有効に利用するために、キャンプを移すよう習慣づけられているのであろう」と書いている。[6] この記述のなかで「自然の資源を最も有効に利用するために」というのは、移動の機能をなんとか合目的的に理解しようとした彼の推測であり、「キャンプを移すよう習慣づけられている」というのが、彼が見たキャンプ移動に対する率直な印象であったのだろう。おそらく彼は、その理由が理解し難いキャンプ移動のケースに何度も遭遇したにちがいない。

マレー半島のセマンについて調査した口蔵幸雄は、彼らが数日間、連続してキャンプを移動させ、しかも移動の距離がわずかに二〇〇メートルの日もあったことを観察して、このようなキャンプ移動に明白な理由を求めるのは困難であると述べている。(7) 遊動民は、明白な理由があるとも思えない場合にも、ただ「何となく」キャンプを移動させてしまうことがあるようである。その理由も問うておく必要があるだろう。

私は、これを、歴史的な存在としての人間を考えることから理解しておきたい。人類を含む高等霊長類が、遊動生活の伝統のもとで発達させてきた高い知能は、遊動域の内に散在している食物が、どの季節にどこへ行けば見つけられるか、といったことを認識し、記憶する能力を高めるものであっただろう。どこにでもある草を食べる獣とはちがって、栄養価の高い食物を選択的に採食する傾向のある霊長類にとって、外界の事象をたえず探索し、それを採食戦略に組み入れることの適応的な意味はより大きいのである。

そして、動物には、備わった能力を発揮しようとする強い欲求があるだろう。日頃体を動かす機会のない人が、わざわざスポーツをして汗を流そうとするのは、彼に備わっている運動能力を発揮したいという欲求があるからに他ならない。そして同じように、私たちには、巨大化した大脳に新鮮な情報を送り込み、備わった情報処理能力を適度に働かせようとする強い欲求があるものと考える。好奇心というものがそれであろう。そのために、もしも新鮮な情報の供給が停止することになれば、大脳は変調をきたして不快感を生じることになる。退屈というのはそのような状態であろう。キャンプを移動させれば、キャンプを設営し、移動してきた場所の周囲を探索し、またその場所についての古い記憶も呼びさまされることによって、多量の新鮮な情報が大脳を激しく駆けめぐることになるだろう。結局のところ、私たちが旅行によって得ている楽しみの本質もここにあるに違いない。遊動生活の伝統のなかで獲得してきた人類の大脳や感覚器は、キャンプを次つぎと移動させる生活によって常に適度な負荷が与えられるのであろう。このように考えれば、大脳への新鮮な情報供給の不足、あるいは退屈だからといったことが、キャンプ移動の動機として働くこともあるだろうと予想しておかなくてはならないのである。

以上に述べてきた遊動することの機能や動機は次のように整理できる。

(1) 安全性・快適性の維持

a 風雨や洪水、寒冷、酷暑を避けるため。

b　ゴミや排泄物の蓄積から逃れるため。

(2)　経済的側面

a　食料、水、原材料を得るため。

b　交易をするため。

c　協同狩猟のため。

(3)　社会的側面

a　キャンプ成員間の不和の解消。

b　他の集団との緊張から逃れるため。

c　儀礼、行事をおこなうため。

d　情報の交換。

(4)　生理的側面

a　肉体的、心理的能力に適度の負荷をかける。

(5)　観念的側面

a　死あるいは死体からの逃避。

b　災いからの逃避。

こうしてみると、遊動生活において移動することのはたしている機能は、生活のすべての側面に深くかかわっていることが明らかである。そうであるなら、当然のこととして、遊動生活者が定住するとなれば、遊動することがはたしていたこれらの機能を、遊動に頼らないで満たすことのできる、新たな手法を持たなくてはならないのである。定住生活が出現するためには、それらの条件がそろっていなくてはならない。

2 定住生活の条件

環境汚染の防止

遊動生活をしている人類、霊長類は、食べ物の皮や残りカス、排泄物のゆくえについてほとんど注意を払わない。遊動生活の大きな利点は、あらゆる種類の環境汚染をキャンプの移動によって消去できることにある。

よく言われるように、移動することは、歩くことのできない病弱者にとっては困難なことであり、生存のチャンスを減少させることもあるだろう。しかし、生態学的な視点に立って言えば、病弱個体が存在することは環境汚染の明らかな徴候と見ることもでき、その個体を捨て去ることで、健康で活動的な集団を維持することにもなる。

病弱者を見捨てることが、たとえどれほど酷であったとしても、人類もまた生態学的な原理の範囲のなかでしか存在しえないことは認めなければならない。

移動生活は妊婦や育児中の母親にとっても大きな負担であろうと考える人が多い。しかし、実際のところ、妊婦による体重の増加、あるいは運搬しなくてはならない幼児の重さはせいぜい一五キログラム程度であり、人間が備えている運搬能力からすればそれほどの負担とも思えない。しかも移動生活といっても、いつも歩いているわけでもない。彼らがキャンプを移すために歩く距離は、狩猟や採集などのために歩く距離に比較すれば、おそらくわずかなものであるに違いない。たしかに定住生活者にはキャンプ移動の労力は必要でないが、しかし彼らはそのかわり、生活に必要なすべての物資を集落まで運搬しなくてはならないのである。妊婦や母親を引き合いに出して移動生活のつらさをことさら強調することは、定住民がデッチ上げてきたデマとしか思えない。

さて、日常の生活で最も大きな問題は、ゴミや排泄物の蓄積による環境汚染である。定住生活者はこれを、清掃したり、ゴミ捨て場や便所を設置するなどして防がなくてはならないのである。しかし、数千万年の進化史を遊動生活者として生きてきた人類にとって、このような行動を身につけることは決して容易なことではない。われわれが幼児に対して、まず排泄のコントロールを、そしてゴミの処理について、数年にもわたってしつこく訓練しなければならないのはそのためである。

たとえば、巣穴に暮らすアナグマは、巣を清潔に保つのに多くの労力をかけて清掃するし、巣の外の一定の場所で排泄する。またモグラは、巣穴からすこし離れたところに便所として使う小部屋を作っている。清掃と排泄のコントロールは、定住するすべての動物が備えなければならない行動なのであり、彼らはそれを、巣に暮らす定住生活者への進化の過程で、本能的な行動として身につけてきたのである。ネコやイヌに排泄のコントロールを教えることが簡単であるのも、巣の中で成長し、子どもを育てる彼らの生活があるからのことである。

先史時代の人びとが清掃をしたかどうかについては、遺跡に残る住居跡の状況から、ある程度確認することができる。たとえば、縄文時代の遺跡には、火災によって放棄された住居跡が発掘されることがあるが、そのような住居の床には、それまで使用されていたと見られる土器や石器はあるものの、ゴミが散乱していることはなく、割れた土器や石屑、食料のカスなどは、住居の外にまとめて捨てられているのが普通である。これに対して、縄文時代以前の旧石器時代の遺跡では、キャンプの場所であったと思われるたき火の周囲に、石屑や獣骨が散乱した状態で出土することが多く、捨てられている石屑の量もそれほど多くない。彼らは、こまめに掃除する人ではなかったし、キャンプ地の環境が悪化すれば、それを処分するのに労力をかけるより、むしろ移動してしまう人びとであったのだと解釈できるのである。

住居と木材の加工

定住するには、年間を通じての気候変化に耐える耐久性のある住居が必要である。遊動生活者の住居は、数時間の作業によって作れる簡単なものであるが、定住者は、少なくとも数日から数十日もの労力をかけて家屋を作る。耐久性のある屋根材は重く、それを支えるためには太い柱を立てなくてはならない。定住生活が出現してきた新石器時代を代表する道具である磨製石斧《せきふ》は、こういった木材加工技術の存在を象徴的に示すものである。

また、この時期に磨製石斧が一般化してくる他の重要な側面は、それによって薪用の樹木の伐採が容易におこなえるようになったことである。一時的なキャンプ生活に必要な薪ならば、キャンプの周辺で枯れ木を集めてもまかなえるし、枯れ木がなくなって不便になれば、移動すればすむことである。しかし、何年間も定住するとなると、いつも流木の拾えるような条件でもないかぎり、周囲の樹木を伐採することによって薪を用意しなければならないだろう。

経済的条件

定住生活の維持には、集落の近くに年中使える水場があり、必要な薪が採集でき、そして、そう遠くない範囲のなかで必要な食料のほとんどが調達できなくてはならないのである。その範囲は、資源の密度、獲得の技術、人の運搬能力や移動能力などにかかわることである。

ブッシュマンは、まれにおこなう大型獣の協同狩猟のとき以外は、キャンプからほぼ一〇キロメートル以内の範囲で食料を得ており、この範囲の資源が減少するとキャンプを移動させてしまうという。また、ムブティ・ピグミーは、キャンプから三〜四キロメートルの範囲でネットハンティングをし、獲物が少なくなると別の場所へと移動する。主に女性がおこなう採集は、これよりさらにせまい範囲でおこなわれる。

両者の活動範囲には、約二倍の差があるが、一方は開けた半砂漠の弓矢猟であり、他方は見通しの悪い障害物の多い森で、しかも重いネットを使っての狩猟である。こういったことから考えると、歩行による場合の一日の行動範囲は、キャンプや集落からおよそ一〇キロメートル以内と考えてよいのだろう。定住者は、この範囲のなかで、年間に必要な食料資源のほとんどを調達できなくてはならない。

社会的緊張の解消

定住社会にあっては、集落成員の間に不和や不満が生じたとしても、当事者は簡単に村を出ることができず、それがさらに蓄積する可能性が高い。したがって、定住社会は、不和が激しい争いになることを防ぐためのいっそう効果的な手法を持たなくてはならない。このような要請は、権利や義務についての規定を発達させるであろうし、また、当事者に和解の条件を提示して納得させる拘束力、すなわち、なんらかの権威の体系を育む培地となるだろう。したがって、たとえばアフリカの遊動狩猟採集民の社会に一般的な、持てる者は食料を分配し、道具を頻繁に貸し借りし、そして人への過度の賞讃さえも控えて維持される平等主義的な社会原理は、定住社会にあっては後退せざるをえないだろう。

この点についてテスタートが、北米の北西海岸やカリフォルニアの定住諸民族の社会では、彼らがおこなう多量の食料貯蔵が、社会の不平等性をもたらす大きな要因になっていると指摘していることも重要である(8)。ほとんど食料を貯蔵しない遊動民に対して、定住民は、農耕民であろうと狩猟採集民であろうと、食料を多量に蓄えることが彼らの経済の重要な特徴となっている。定住民は、人から逃れることも困難であるばかりか、蓄えた食料や財産からも逃れられない。それを守るには、人と人との間にさまざまな防御の壁を作るしかないのである。

死者、災いとの共存

死、あるいは死体が人に恐怖感をもたらすとしても、定住者はそれを村に置いて逃げることもできない。したがって定住者は、死体あるいは死者との緊密な地縁的関係を持たざるをえないのである。多くの定住民が採用しているその一般的な形式は、死者が住む領域として、村の近くに墓地を割りあて、死者と生者が住み分け的に共存を図ることである。死体を葬むることは、古くネアンデルタール人の埋葬が確認されていることであるし、また現代の遊動民においても、たとえばアンダマン島人は、埋葬したり、あるいは死体を樹上に置いて葬る。遊動する社会においても死者を葬ることは広く見られることである。

しかし、死者と生者の住み分け的地縁関係の形式としての墓地と、遊動生活者における埋葬とは、おのずと区別されるべきものであろう。定住民にあっては、死者はなお生者との関係を持ち続けるだろうが、遊動民における死者は再び生者のもとに帰ることのないものであろう。

消滅する死体とは別に、死者の霊が死体から離れて他の世界へ飛び去るという観念が多くの民族に共有されている。そしてしばしば、死者霊の他界への飛翔を全うさせるために、多大な労力をかけた複雑な儀式がおこなわれる。このような観念的な操作も、そもそも死者から遠く逃れることのできる遊動民の社会にあっては、それを高度に複雑化させる動機を持たないと考えてよいだろう。そして定住民は、そのような観念操作を向ける目標として、墓標を立てたり墓地を囲うなどして、ことさらその場所の特異性を強調するのである。

死以外にも、病気や事故、ケガなど、人間の社会は恐れの対象を多く持つ。そのような災いがしばしば起きることがあれば、その場所は危険で不吉な場所として記憶されることになるだろう。人間ならずとも、そのような場所には近づかなくなるにちがいない。だが、いつも人のいる定住的な村こそは、まさにこれらの災いの頻発する場所なのである。にもかかわらず村人は、なんとかこの場所が安全であり、再びここで災いが起こらないことを確信しなければならない。

そこで彼らは、災いが発生した原因を、たとえば神や精霊などに求め、そして儀式的な操作によって、災いの原因となった邪悪な力を村から追放しようとするのである。村人は、それによって村が浄化され、安全な場所にもどったことを確認し、さらに、再び災いの原因が村に侵入してこないように、村の周囲に呪標などを配置するのである。遊動生活にあっては、このような手続きもまた必要のないことは明らかである。

心理的負荷の供給

キャンプを移すと、見える風景は変わり、人はその場所を五感をとぎすまして探索する。食料資源がどこに、どれほどありそうか。危険な獣はいないか。薪はどこに。川を渡れるのはどこか。このような場面において、人の持つ優れた探索能力は強く活性化され、十分に働くことができる。新鮮な感覚によって集められた情報は、巨大な大脳の無数の神経細胞を激しく駆け巡ることだろう。

だが、定住者がいつも見る変わらぬ風景は、感覚を刺激し、探索能力を発揮させる力を次第に失わせることになる。定住者は、行き場をなくした彼の探索能力を集中させ、大脳に適度な負荷をもたらす別の場面を求めなくてはならない。そのような欲求が、どんな場面に向けられるのか予見することはできないにしても、定住以後の人類史において、高度な工芸技術や複雑な政治経済システム、込み入った儀礼や複雑な宗教体系、芸能など、過剰な人の心理能力を吸収するさまざまな装置や場面が、それまでの人類の歴史とは異質な速度で拡大してきたことがある。

定住民は、それらの場面を用意することによって、彼らの住む心理的空間を拡大し、複雑化し、そのなかを移動することによって感覚や大脳を活性化させ、持てる情報処理能力を適度に働かせているのだと言えよう。いうなら、退屈を回避する場面を用意することは、定住生活を維持する重要な条件であるとともに、それはまた、その後の人類史の異質な展開をもたらす原動力として働いてきたのである。

縄文時代の定住者は、生計を維持するための必要性を越えたさまざまな遺物や遺構を残している。装身具や土偶、土版、石棒、漆を塗った土器や木器、過剰な文様の土器、環状列石など、いくらでもその例を見ることができるであろう。それは石器や石屑、焼け石など、生活に必要なごく実用的な遺物の多い旧石器時代の遺跡のあり方とは、きわだった対照をなしているのである。

縄文時代人が、精力を込めて土器に装飾を施し、さまざまな呪術的装置や道具を持っていたことの本質的な意味は、それを作る過程において心理的エネルギーを費やし、単調であった空間にひずみを与え、また周到に準備された儀礼の演劇的効果によって、目まいにも似た心理的空間移動を体験することにあったのだろう。土器の文様は、それがいかに完成されようと、やがてまた変化してしまうことの理由の一つがここにある。

さて、定住者は、家や集落の清掃に気を配り、丈夫な家を建て、ごく限られた行動圏内で活動し、社会的な規則や権威を発達させ、呪術的世界を拡大させるといった傾向を持つことになる。このように考えてくると、従来、ともすれば農耕社会の特質と見なされてきた多くの事柄が、実は農耕社会というよりも、定住社会の特質としてより深く理解できるのである。

ただ、以上に述べてきた定住生活の一般的条件が、定住生活の始まる時点において一瞬のうちに用意されたと考えているわけではない。毎日寝る場所を変えていただろう人類以前の時代から、キャンプに滞在する期間は次第に延長してきた過程があっただろうし、そこにおいて、これらの条件を満たす技術の試行錯誤があったであろう。しかし、定住生活に伴うさまざまな困難を解消できることと、定住生活を始めることを単純に同一視することはできない。定住生活が可能になったとしても、人が定住を選択するとは断定できないからである。つぎに、およそ一万年前の人類が定住生活を選択するにいたった背景について考えたい。

掃除をしたくて、あるいは退屈でありたいがために定住する、といったことは考えられないことである。長い伝統を持つ遊動の生活を捨てることについては、そうせざるをえなかった事情があったものと予想しなければならないが、それは、定住生活の条件としてあげた側面のなかでも特に、この時期の環境と生業活動の変化に連動した経済的要因に求めなくてはならないだろう。ここでは、当時の人びとが定住することによって獲得した経済的メリットを示し、彼らがそれに頼らなければならなかった理由を考える。

3　定住の動機

人類が定住するについて、採集から栽培への移行が強調されるのであるが、しかし、第八章において詳しく述べるように、栽培は、定住することによっておのずと変化する人間と植物の生態学的関係を経て生じたものと考えられる。すなわち、栽培は定住生活の結果ではあっても、その原因であったとは考えられないのである。人類史における初期の定住民は、農耕民ではなく、日本における縄文文化がそうであったように、狩猟や採集、漁撈を生業活動の基盤においた非農耕定住民であっただろう。

定置漁具の利用

定住のもたらす経済的なメリットとして、まず魚類資源の利用に注目しなければならない。かつてのアイヌの社会がそうであったように、非農耕定住民の多くが、魚類資源に大きく依存した生業形態を持っていたという事実があるからである。

極東アジア地域では、レーヴィンが「大河流域の漁撈民」として分類したウルチ、ナナイ、ニヴフ、イチエルメンなどの非農耕定住民がいたし、また、「極北の海獣狩猟者」と分類されたチュクチやアジア・イヌイットなども、定住的傾向の強い生活をおこなっていた。海獣狩猟者は魚類を直接利用するより、魚類を食べる海獣を利用することで、間接的に魚類資源に依存している人びとであったことになる。また北米大陸では、北西海岸とカリフォルニアの諸民族が、そして日本ではアイヌが漁撈活動に大きく依存して定住生活を営んでいた。

魚類資源は、アフリカのピグミーや東南アジアのネグリート系の諸族など、熱帯の遊動狩猟採集民においても利用されているが、海獣狩猟者を除くと、これら非農耕定住民のすべての社会では、魚網やヤナなど、携帯するのが不便であったり、不可能であったりする定置的な漁具を発達させているところが、遊動民における漁撈活動とは異なる特徴である。

定置漁具によって魚類資源を利用することが、定住化を促進する要因であった可能性は大きい。これらの定住者は、漁撈活動のほかに狩や採集をおこなうが、そこで用いられる弓矢、ワナ、掘棒、カゴなどの道具は、いずれも容易に携帯しうるものであり、また定住することによって収穫効率がより高くなることもないだろう。だが、定置漁具を用いての漁撈のみは、装置を大きくすることによって漁獲量の増加が期待できるのである。

考古学的な証拠を見てみよう。人類による水産資源の利用の歴史は、前期旧石器時代に貝が利用されて以来のことであり、時代を経るにしたがってその証拠は増加する。植物や陸上の動物が、人類以前からの食料であったことからすれば、水産資源の利用は、人類史のごく後期になってから始まった新しい活動であったことになる。だが、霊長類としての歴史性を負う人類が水中で行動するには大きな制約がある。暖かく浅い水辺で貝や海藻を採集し、魚類をつかむ程度ならばともかく、魚類を効果的に得るには、このハンディを補う道具の発達がなくてはならない。

後期旧石器時代になるとモリやヤスなどの漁具が出現してくるし、フランスのゴルジュ・ダンフェール洞穴には見事なサケの壁画が彫りこまれた。ただ、刺突具を使っての漁撈は、サケなどの大きな魚類が高い密度で遡上するような場合には大きな漁獲をもたらすだろうが、そのような季節は限られているのが普通であろう。

ヨーロッパでは、中石器時代のマグレモーゼ文化やコングモーゼ文化、エルテベレ文化などにおいて、ウケや魚網、釣針が出現するとともに、貝塚が形成されるなど、遺跡は定住化の様相を強くするのである。日本では、縄文時代の早期に魚網の存在を暗示する石の錘《おもり》が出現し、釣針が作られ、貝塚や竪穴住居が残されるようになる。

西アジアの地中海沿岸に分布する中石器時代のナトゥーフ文化には、石組の壁を持つ住居があり、墓地や貯蔵穴、大きく重い石臼が出土するなど、この地域における初期の定住文化であった。ここには漁撈活動の直接的な証拠は出土していないが、この文化が海岸にそって分布するという地理的条件や、あるいは、同じ時期のギリシャ海岸のフランチテ洞穴では、中石器時代の文化層からは大型の魚骨が、その上の無土器新石器時代層からは小型魚骨が出土するということが観察され、この時期に漁法の大きな変化があったものと予想されている。漁具が出土していないために具体的な内容は明らかにされていないが、小型魚類が大量に獲られ始められたことからすれば、網やウケなどが出現した可能性が高いであろう。また、北米大陸で最古の竪穴住居址が出土したイリノイ川の河畔近くのコスター遺跡においても多量の魚骨が出土しており、網やカゴを使った漁法が予想されているのである。

ユーラシアと北米の広い地域において、定住生活の出現が、ウケやヤナ、魚網などの定置漁具の出現に並行していることを見てきた。定置漁具こそ、長い人類史において、携帯性や使い捨ての性質を犠牲にして作られた最初の道具であったのである。

定置漁具による漁撈については、つぎのような一般的性質のあることが指摘できるだろう。

(1) 定置漁具の製作には、繊維や木材を加工する高度な技術が必要であり、製作に多くの時間と労力が必要である。

(2) 魚類資源は、陸上で主な狩猟対象となる動物と比較して、単位面積当たりの生産量がはるかに大きく、しかも、高緯度地域以外では、年間を通じた漁獲が期待できる。

たとえば、日本の湖における今日の漁獲高は、琵琶湖で一四・三トン／㎢／年、中海では三七トン／㎢／年などとなっている。これに対して、縄文時代の主要な狩猟獣であるシカについては、一平方キロメートル当たりの生存量が七〇〇キログラム程度と推定され、さらに資源が枯渇しない程度に捕獲しうるのは、最大限その二〇パーセント程度であるとされている。すなわち、条件がよい場合であっても、利用できる資源量は一四〇キログラム／㎢／年ほどにすぎないのである。ほかにもイノシシ、クマ、サルなどが狩られたが、これらを全部合わせたところで、せいぜい数百キログラム／㎢／年程度にしかならないだろう。

水産資源の持っている高い生産性が、漁具の製作に多くの労力を投下しても、それに十分見合う漁獲を保障しているのである。

(3) 定置漁具は、魚類の行動を利用した自動装置であるために、使用する時に必要な労力は、獲物を探し、追跡し、接近して倒し、しかもそれを持ち帰らなくてはならない狩や刺突漁に比べるとはるかに少ない。また、多くの場合、その活動は単純な作業の反復で構成され、高度な熟練や体力のない女性や子ども、老人であってもおこなうことができる。

狩猟採集民の社会では、男性による動物性タンパク質の獲得と女性による採集という性的分業が普通に見られるが、定置漁具の使用は、このような性的分業に異質な要素をもたらすものであった。女性や子どもでも魚を獲ることができるなら、男性は年間を通じた狩猟活動から解放されるわけであり、その労力を、たとえば建築や交易、越冬食料の貯蔵など、定住生活の維持に必要な他の仕事に向けることができるだろう。

(4)　相手が魚類であることの特性もある。

第一は、魚類は一般に危険性が少ないことであり、第二は、魚類の知的能力が哺乳類などにくらべて劣っていることである。哺乳動物は経験した危険な場所や状況を永く記憶して、その徴候を注意深く避けるであろうし、さらにそのような知恵は、子どもや他の個体に伝わることもあるだろう。獣が狩人やワナから逃れる知恵を増加させれば、狩人は狩場を変えたり、いっそう巧妙な手法を開発するなどして対応しなければならないのである。だが魚類に対してそんな心配は必要でないだろうし、同じ場所に設置された定置漁具の捕獲効率は、いつまでも変わることがないであろう。

人類史の後期になって始まった魚類資源の利用は、およそ一万年前に出現した定置漁具の使用によって、漁獲の効率と安定性を高めたが、しかしそれは携帯性を犠牲にした、遊動生活にそぐわない活動であった。

越冬食料の貯蔵

定住の動機として次に重視しなければならないのは食料の大量貯蔵である。低緯度地域における遊動狩猟採集民は、その日に必要な食料をその日に集めるのが原則であるし、高緯度地帯の狩猟民は、漁や狩によって大量の肉が手に入ればいつでも保存するが、彼らの暮らす寒冷環境では、資源の季節や年による変動が大きく、したがって同時に高い移動能力を保持していなければならないのである。貯蔵することが移動を制約することは言うまでもない。

食料貯蔵の考古学的証拠とされる貯蔵穴は西アジアのナトゥーフ文化や縄文遺跡に普通に見られるし、また、非農耕定住民における食料の大量保存はごく普通のことである。

食料を大量に貯蔵することについては、貯蔵しなければならない必要性と、貯蔵のできる条件との、両側面から考えなくてはならない。前の条件は、食料資源の季節的変動が大きく、食料の欠乏する季節のあることであり、あとの条件は、大量の食料を集められる労働力があり、技術があり、そして資源のあることである。年間を通じて採集ができ、狩のできる熱帯環境には、食料貯蔵の必要性がないのだと言ってよいだろう。

一方、高緯度寒冷環境の民族は、狩や漁に熟練した男性によって食料の多くを獲得している。したがって、もしも食料を大量に貯蔵しようとするなら、男性の労働をさらに強化するよりほかにないのである。彼らには、食料を大量に貯蔵するのに必要な熟練した労働力が不足しているとも言える。

初期の定住者が蓄えた重要な食料は、木の実や種子、サケやマス、アユなどの遡河性魚類であろう。これらの資源は、いずれも秋の短い季節に集中する。食料資源の季節的変動が大きく、秋に食料が豊かなことは、中緯度森林環境の特性である。

さて、およそ一万年前に定住生活が出現してきたことに連動して、定置漁具の使用と食料の大量貯蔵の始まることが指摘できるが、ヨーロッパ、西アジア、日本、北米など、定住生活者が出現してきた中緯度環境において、食料の入手の最も困難な季節は冬であり、貯蔵食料が消費されたのも主に冬と考えてよいだろう。また漁撈活動は、普通には温暖な季節の活動だろう。そして、定置漁具にかかる魚類を消費しつつ稼いだ余剰の労働力を食料の大量保存に投下しようとするなら、定置漁具をかけた漁場の近くに定住集落を構えることが望ましい。アイヌ、北米の北西海岸やカリフォルニアの諸民族、「大河流域の漁撈民」などは、いずれも定置漁具と食料の大量貯蔵を組み合わせたこの戦略によって定住生活を営んだ。そして同じ生計戦略は、日本を初め、北米、ヨーロッパ、西アジアなど、中緯度地帯における初期の定住者が採用した戦略でもあった。

一万年前の中緯度地域において、このような生計戦略が採用された状況について、次に考えることにしたい。

4　定住化の環境要因

温帯森林の拡大と植物性食料

定住生活が出現する背景に、氷河期から後氷期にかけて起こった気候変動と、それに伴う動植物環境の大きな変化が重要な要因となったことは、定住生活がこの時期の中緯度地域に、ほぼ時を合わせたかのように出現していることからも明らかなことである。

地球的な規模で起こった当時の環境変化をごく大まかに見れば、次頁の図のように表現できる。氷河期から後氷期にかけての環境変動は、高緯度地帯でより大きく、低緯度地帯では少なかった。すなわち、氷河期における温帯環境は、大きく南下していた寒帯的な環境と、あまり動かなかった熱帯環境の間にはさまれて圧縮されていたのである。そして氷河期が去り、地球が再び温暖化して、温帯環境が拡大を始める。定住生活者が現われるのは、いずれも拡大してきた温帯の森林環境においてであった。定住生活は、中緯度地帯における温帯森林環境の拡大に対応して出現したのである。

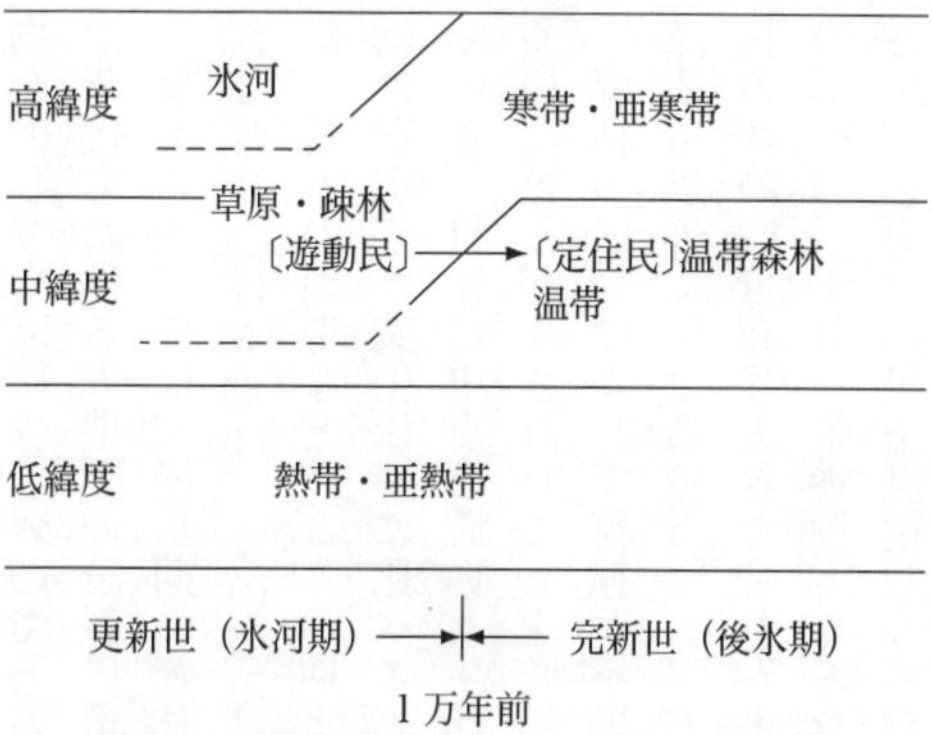

図　定住生活出現の環境的背景

氷河期の中緯度地域には、亜寒帯的な草原や疎林に棲むトナカイ、ウマ、バイソン、マンモス、オオツノジカ、ウシなどが広く分布し、後期旧石器時代の狩猟民は、これら大型有蹄《ゆうてい》類の狩猟に重点を置いた生計戦略を持っていたと予想されている。しかし氷河が後退し、草原や疎林に代わって温帯性の森林が拡大してくれば、これらの有蹄類は減少するし、またそれまでの、視界のきく開けた場所で発達してきた狩猟技術は効果を発揮しなくなるだろう。草原であれば、数キロメートルもはなれた獣を発見することもできるが、森の中では一〇〇メートル先の獣を見ることさえできない。しかもこの森に棲む獣は、アカシカやイノシシなど、氷河期の大型獣からすればいずれも小さな獣である。発見がむずかしいばかりか、障害物の多い森の中では、それまでの開けた環境では効果的であった槍を投げることもできず、たとえ獲物を倒しても肉は少ないのである。中緯度地域における温帯森林環境の拡大は、旧石器時代における大型獣の狩猟に重点を置いた生活に大きな打撃を与えたに違いない。

ヨーロッパでは、後氷期の森林拡大とともに、遺跡が海岸部に集中することが知られており、日本では、この環境の変動期に、細石刃《さいせきじん》や有舌《ゆうぜつ》尖頭器の出現と消滅、土器、石鏃《せきぞく》の出現など、この時期よりも前のナイフ形石器の伝統やその後に続く縄文時代の安定した文化伝統に比べると、異質とも思える激しい文化要素の変化が認められている。狩猟に重点を置いた生活様式が破綻し、新たな生活様式の成立に向かって、多様な試みがなされたことを暗示している。

森林の拡大によって狩猟が不調になれば、ここでは、植物性食料か魚類への依存を深める以外に生きる道はない。だが、温帯森林環境には、熱帯森林と違って植物性食料の季節的分布に大きな変動がある。ナッツや果実の実る秋の森は豊かであるが、他の季節に、十分な栄養源となる食料を得るのは困難である。春には、新芽が豊富であるが、必要な熱量を供給しうる食料ではない。温帯森林で、植物性食料に依存するとすれば、実りの豊かな秋に、それを大量保存するほかはないのである。また、魚類資源についても、冬の間は水域での活動が困難であるという状況がある。このような中緯度的環境特性のなかで、植物性食料や魚類に依るなら、それらの大量貯蔵は不可欠である。また、同時に、貯蔵食料を蓄えるにはどうしても必要な「多忙な季節」を克服する手段として、自動装置として働く定置漁具などの発達が促されるであろう。

温帯森林のナッツが貯蔵食料となったことについて、さらに、ナッツの性質についてもふれる必要がある。ナッツ類は、氷河期にも利用されていたと予想されるが、たとえば、日本では、ハシバミ、クルミ、チョウセンゴヨウなどの栄養価の高い優れたナッツがあった。だが、これら氷河期のナッツは、いずれも脂肪を多量に含んでいる。おそらくそれは、寒冷による胚の凍結を防ぐ意味を持つのであろう。

油性ナッツは、カロリー価が高く、しかも加熱しなくても食べることができる。だが、今日のわれわれの油性ナッツ類の利用法を考えてみれば、ハシバミ、ピーナッツ、アーモンド、マツの実、クルミなどは、いずれもオヤツ、あるいは他の食品の調理に加える添加物として用いるのが普通である。おそらく、油性のナッツを、一時に大量に食べることは、われわれの消化機能や好みになじまないところがあるのだろう。

一方、後氷期の温暖化によって増加したクリ、ヒシ、ドングリ類、あるいはコムギやオオムギなどは、いずれもデンプン質の種子やナッツである。一時に大量に食べることができるが、しかしこれを食べるためには、加熱調理が不可欠である。

氷河期にナッツが利用されていたとしても、それは少量ずつオヤツとして食べる性質のものであり、満腹感を得るには、獣や魚などの食料に頼らなくてはならなかっただろう。これに対し、後氷期の温暖化に伴って、土器や石皿、磨石などが出現する。これらは明らかに、デンプン性食料の大量調理を示す遺物である。

たとえば、縄文時代の鳥浜貝塚から出土するクリ、シイ、ヒシなどのデンプン質ナッツの殻には、煎《い》ったことを示す焼痕はほとんどないが、クルミには、明らかな焼痕を残す殻が約五パーセント含まれる。[9] デンプン質ナッツは、土器で煮て大量に調理されたのだろうし、一つ一つの実を煎っていたのでは、大量に食べるにはあまりにも時間がかかりすぎたのだろう。クルミの場合には、実を火であぶるなどして、オヤツのように少量ずつ食べられたものと推測できる。

温帯森林の拡大によるデンプン性ナッツの増加と、大量調理の手法の出現が、ナッツの大量貯蔵の前提条件として成立していたと考えなくてはならない。

定住革命は終わったのか

定住化現象にかかわる、残された二、三の問題にふれておきたい。

定住生活が、中緯度地域の温暖化による森林化を背景に出現したと説明したが、こうした気候と植生の変化は、人類が中緯度に進出してから何度も起こったことである。ではなぜ、定住生活が、最後の氷河期の後にしか出現しなかったのか、このことについて説明しておかねばならない。

定住化現象の以上の理解からすれば、それ以前の温暖期には、定置漁具による漁撈や、デンプン質ナッツの大量調理・大量貯蔵を発達させる技術的・経済的な前提条件を欠いていたと考えざるをえない。定住生活は、一面において、自然環境の大変化に応じた適応形態として出現するのであるが、同時に、それを可能にした人類史的前提のあることに注意を向けなければならないわけである。ただ、今のところ、われわれは、最後の氷河期以前の温暖期に、拡大していた温帯森林環境において、いかなる適応戦略があったのか、ほとんど知識を持ちあわせていないのが現状である。

定住生活者が採用した生計戦略の性質を見れば、自然や労働、あるいは時間に対する認識の仕方にも、大きな変化の生じたことが予想できる。定置漁具の製作に多くの労力と時間を費やし、数ヵ月後までを予想して食料の貯蔵や加工に手間をかけ、そのために少なくとも、一、二ヵ月の間、激しい労働の連続に耐えることなどは、その日の食料だけを考える遊動狩猟採集民の行動原則とは、大きく異なるものである。

遊動狩猟採集民が、明日の食料について心配しないのは、自然の恵みを確信しているからであり、それゆえ、食料を蓄える行為は、いわば、自然に対するまったき信頼を放棄することにほかならない。自然のなかで、自然に頼って生きるブッシュマンの自然観とは、おのずと異なる自然観である。自然に対するこの不信は、食料を蓄える多忙な労働によって打ち消される。漁網を編み、ナッツを大量に拾い、加工するなど、単純な作業の反復を重ねて、自然が制御されるのである。定住生活者に予想しうる自然や労働に対するこうした認識のあり方は、森を拓き、土を掘り、水の流れを変える農耕民のそれと大きく共通するところがあるだろう。

自然に対する認識の変化と同時に、定住生活者とその周囲の植生との生態学的関係が、遊動生活者のそれと、大きく異なることに注意しなくてはならない。

田中二郎は、ブッシュマンを、自然のなかで、自然に頼って生きる人びとと呼んだ。もっとも、遊動生活者といえども、環境に対して何ほどかの影響を与え、それを改変するだろう。だが、狩や採集によって環境が変われば、すなわち、食料や薪が減少すれば、キャンプを移動させる。彼らの立ち去った後のキャンプ地は、自然の回復力に委ねられ、やがてもとの自然にもどる。彼らが環境に与える影響の大きさは、チンパンジーが果実を食べてその種子を分散させ、肉食獣がシカの生息密度に関係している程度とほとんど変わらない。遊動狩猟採集民は、自然が生産する資源に「寄生」

して生きている人びとといえる。

ところが、人間が定住すれば、村の周囲の環境は、人間の影響を長期にわたって受け続けることになる。村の近くの森は、薪や建築材のための伐採によって破壊され続け、そこには、開けた明るい場所を好む陽生植物が繁茂して、もとの森とは異なる植生へと変化する。定住者は、自然としての環境ではなく、人間の影響によって改変された環境にとり囲まれることになるのである。

日本の縄文時代の村には、こうして生じた二次植生中に、彼らの主要な食料であったクリやクルミがはえていたし、ヨーロッパの中石器時代にはハシバミが増加し、西アジアの森林植生中には、コムギやオオムギ、ハシバミ、アーモンドが増加する。これらの植物は、いずれも、伐採後の明るい場所に好んではえる陽生植物であり、しかも、食料として高い価値を持っている。人間の影響下に生長してきた植物を、人間が利用するのである。生態学的な表現をすれば、これは明らかに共生関係であり、人文学的にいえば、栽培や農耕にほかならない。食料生産の出現は、火を使う人間が、定住したことによって、ほぼ自動的に派生した、意外で、しかも人類史上、きわめて重要な現象であった。

初期の定住生活者は、中緯度の森林環境に出現し、やがて、その一部は農耕民となり、人口を増加させ、低緯度の森林にも進出する。ピグミーや東南アジアのネグリート諸族は、その圧迫に耐えながらも今日まで遊動生活の伝統を維持してきた。しかし、今日の機械力に支えられた農耕民と、木材産業による熱帯森林の大規模な伐採は、彼らの生活を急速に、確実におびやかしつつある。たとえば、フィリピンでは、ネグリート系住人のほとんどはすでに定住し、ラワン材の伐採によってハゲ山となった荒れた山地に、わずかな耕地を拓き、あるいは、農業労働者として暮らしをたてている。遊動生活は、侵入者の手が入っていない限られた地域でのみ続けられているのである。

およそ一万年前の中緯度地帯において、あるいは、現代の低緯度地帯においても、その原因が気候変化か、あるいは侵入者による環境破壊であるかの違いはあるものの、いずれにしても、環境の大きな変化が起こり、遊動生活を維持することが困難になった状況において、遊動生活の伝統が放棄され定住への移行が起こっているのである。

定住生活出現の、このような過程を見、定住生活を営むことが、このように多様な困難を抱えていることを認めるなら、定住以後の人類の異質な歴史は、未だこの困難を完全には克服していない人類が、定住生活へと向かうギクシャクとした適応過程ではないのかと思えてくる。

定住生活にあっても、縄文時代の日本のように隔離された地域では、八〇〇〇年間にもわたって安定した文化が存在しえた。だが、人類史的規模で見れば、定住後の歴史は、政治、経済、技術、人口、人為的環境改変などのめまぐるしい変化の連続であり、落ち着くところを知らないかのようである。縄文時代の安定した暮らし方も、文明化への大きな波に洗われて消滅したし、今日では、地球上のあらゆる地域において、絶えまなく変化する過渡期的な歴史が展開している。高等霊長類の出現以来、数千万年も続いた遊動生活の伝統に比べ、定住生活の経験は、わずか一万年にすぎない。地球的規模の環境変動によって始まったこの一連の出来事は、人類社会における技術や社会組織、あるいは自然や時間に対する認識、観念的世界までも巻き込む大きな変化を引き起こした。まさに、人類史の流れを変える革命的な出来事であったと言わねばなるまい。だがはたして、定住革命はすでに終わった、と言えるのだろうか。

第二章　遊動と定住の人類史

人類が、定住生活をはじめてから、およそ一万年が経過した。一世代を二〇年とすれば、わずか五〇〇世代にすぎないこの間に、農耕や牧畜の出現を初め、人口の急速な増大、国家や文明の発生、産業革命から情報革命にいたるまで、実に変化の多い歴史が展開した。

だが一方、人類は、おどろくべき保守性を示す。低緯度の熱帯地域には、植物を採集し、昆虫や小動物、時に大型動物をとらえて暮らす、アフリカのピグミーやブッシュマン、東南アジアのネグリートに代表される狩猟採集民の生活がある。次つぎにキャンプを移して一定の地域を遊動し、時折メンバーを替えながら離合集散する小集団が彼らの社会である。

互いに認知しあった一〇〇頭前後以内の群れを作って遊動する生活は、高等霊長類に広くみられるし、チンパンジーの社会では、単位集団のなかに離合集散する小さな集団が見られる。果実や若芽など、栄養価の高い植物性食料を主に食べる類人猿の経済に、人類は肉と、地下の根茎類とを加えた。それは、人類出現の初期、数百万年前のことと考えられている。

狩猟採集民における生活の基本的性格として、小集団、遊動生活、離合集散のシステム、狩猟採集経済を考えれば、これらは人類の、あるいは霊長類の歴史を数百万年、あるいは数千万年もの過去にまで遡ると考えられるのである。

ここ一万年の人類史を経て、今もとどまることのない変化のなかに生きるわれわれには驚くべき保守性と思えるが、しかし、生物一般の進化史的時間リズムから見れば、この保守性こそ普通のことである。彼らの生活の基盤である生物世界が保守的なら、それに合わせた彼らの生活もまた保守的でなければならない。熱帯狩猟採集民の生き方は、いわば数百万年という生物学的時間を生き続ける生存戦略である。とするなら、この一万年の人類の歴史は、はたして何をめざした戦略と言えばよいのだろうか。

1　狩猟技術の発達

人類が人類以前以来のすみかである熱帯環境を出て、中緯度地帯へ進出したのはおよそ五〇万年前のことである。そして、数万年前、後期旧石器時代には北方の極北地帯にまで分布を広げた。人類出現以後の、このゆるやかな空間的膨張の背景に、狩猟技術の発達があった。中緯度に進出した人類は、ウマやウシ、トナカイ、毛サイ、マンモス、洞穴グマなど、巨大な動物と足の速い動物のすべてを狩の対象としたのである。たとえば、フランスのソリュートレ遺跡は、崖の上からウマの群れを追い落として狩をした場所として知られているし、ウクライナのメジリチ遺跡は、多量のマンモスの骨で作られた家の出土したことで有名である。

旧世界のすみずみまで拡散した人類は、ベーリング海を通って新大陸へ、あるいはトレス海峡を経てオーストラリアへも渡る。だが、これらの大陸への回廊は、膨張し続ける人類を吸収できるほど広くはない。北へのフロンティアを埋めた時点で、旧世界は一種の満杯状態になったと考えねばならない。そして間もなく、マンモス、毛サイ、洞穴グマなどの巨大動物が絶滅する。その原因に、気候変動を考えるのが一般的であるが、しかし、そもそもこれら地上のジャイアンツは捕食されることとは無縁の動物であったにちがいなく、人類が強力な捕食圧を加えれば、絶滅の危機は遠からず来ると考えなくてはならない。

人類が利用してきた食料資源の緯度的、季節的分布は、おおまかに見れば次頁の図

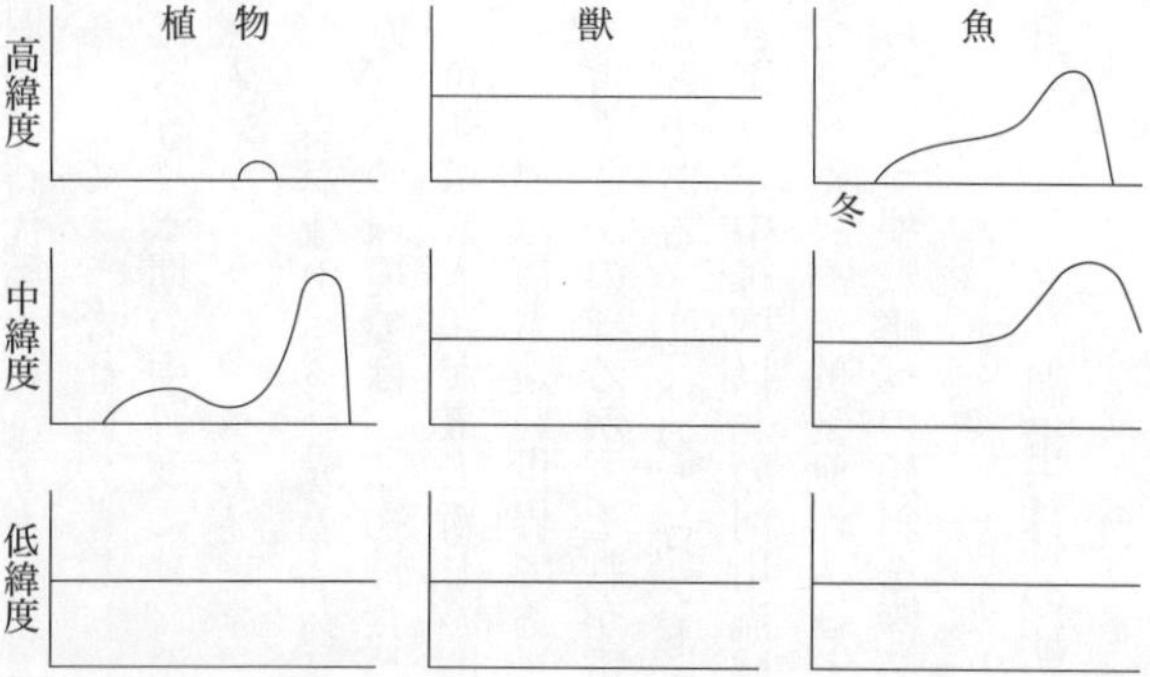

図　食料資源の緯度的，季節的分布　縦軸は資源量，横軸は季節の移り変わりを表わす

のようになるだろう。低緯度環境では、年間を通じて植物性食料の利用が可能である。それが類人猿や狩猟採集民の生活を支えてきた。だが、中緯度環境には豊かな実りの秋はあるものの、他の季節、とくに冬季は、植物性食料の採集は不可能である。中緯度環境の特性に対して、草食獣は冬のあいだも乏しい餌をもとめて移動し、そしてオオカミは移動する草食獣を追いながら狩を続ける。一方、冬の前の豊かな秋に、食料や皮下脂肪を蓄え、活動水準を下げて冬を越す、クマの戦略がある。狩を続ける大型肉食動物は高い移動能力を維持することによって、反対に、雑食性のクマは、移動しないことによって冬を越すのである。

　中緯度へ進出し、高度な狩猟技術を持った

旧石器時代の人類は、どちらかと言えば、オオカミ型戦略を発達させてきたのである。このような傾向の背景に、人類が中緯度の長い氷河期を過ごしてきたことがあるだろう。氷期の中緯度には、温帯森林が南へ後退し、そこにはウマやトナカイ、オオツノジカ、ウシ、バイソンなどの棲む、草原や疎林が拡大していた。疎林や草原は、暗い森林よりも多くの草食獣を養うし、それを発見することも容易である。だが一方、この環境では、植物性食料については多くを期待できないだろう。

魚類は、人類が最も新しく開発した食料資源である。樹上で進化した霊長類にとって、水界は最も遠い世界であったのだ。魚類資源を利用した古い証拠は一〇万年以上も古くさかのぼるが、それが重要な食料となるのは、後期旧石器時代になってからのことである。(1) 北へのフロントを埋めた人類は、つぎに水界へ向かったのだと理解できよう。中緯度以北の河川流域では、サケやマスなどの遡河性大型魚類がとくに重要であった。季節的変動が大きく、大量にとれる魚類資源の利用は、オオカミ型戦略から、クマ型戦略への傾斜を深める重要な契機となったにちがいない。

2　温帯森林の拡大と定住

低緯度での狩猟採集経済によって、あるいは、中緯度以北でのオオカミ型戦略によって人類以前以来の遊動生活の伝統は、さまざまに変貌したであろうが、ともかく永く長く保たれた。だが、氷期の寒冷気候がゆるみ始め、温帯森林が中緯度地帯に拡大を始めると、時を合わせたかのように、ヨーロッパ、西アジア、日本など、ユーラシア大陸の各地に最初の定住集落が現われる。日本における縄文時代の成立は、地球的規模で始まった人類史的出来事の一つの地方的ケースと考えねばならない。

この出来事には、魚類資源のいっそうの利用、デンプン質ナッツの利用、食料の計画的な大量貯蔵、などが伴っている。縄文時代にはその名前が示すように、植物質繊維の撚糸《よりいと》が現われ、魚網が広く使われる。ポータブルな旧石器時代以来のモリやヤスにくわえて、運ぶことの困難な大きく重い道具が使用され始める。網やウケなどの漁具はモリやヤスでは捕らえられない小型魚類に対しても有効であり、自動装置としても働く。

旧石器時代にもナッツ類は食用にされたであろう。しかし、氷期の中緯度環境で得られるナッツは、たとえばハシバミやマツの実、クルミなど、いずれも脂肪の多い油性ナッツである。今日の食用習慣では、油性ナッツはオヤツとして食べるが、それを満腹するほど大量に食べることはまれである。おそらく、人類の消化器は油性ナッツの大量摂取に向かないところがあるのだろう。また、これらのナッツは生のままでも食べられるが、普通は煎《い》って食べる。少量を煎るのなら道具は必要でない。旧石器時代の遺跡にはナッツの大量調理を思わせる遺物は見当たらないようである。

これに対し、温帯森林帯に多いドングリや穀物などのデンプン質ナッツは、加熱すれば、いわば主食として満腹するほど食べることができる。土器や、臼として使う石皿は、そうした大量調理に有効な道具として後氷期の中緯度地帯に広く現われる。これらの道具もまたポータブルではない。

季節的に大量に得られるサケやナッツが大量貯蔵の対象になる。サケ・マスの保存施設が遺跡に残ることはないようであるが、縄文時代の日本や地中海沿岸の西アジアにはナッツなどが保存されたであろう貯蔵穴が現われる。食料を大量に保存すれば移動できないことは言うまでもない。

温帯森林の拡大に伴ってはじまった活動は、いずれも移動する生活ではおこなえないものである。これらの活動が発達する背景に、温帯森林の拡大が氷期の大型動物を北へ追いやり、年間を通じて狩で暮らすオオカミ型生存戦略の環境的基盤がなくなったことがある。また、クマのようには寝られない人類が冬を越すには、多くの越冬食料が必要であり、秋の間にそれを蓄えるには、携帯性を犠牲にしても効率的な道具の方が要求される。

縄文時代前期、ほぼ六〇〇〇年前に営まれた、福井県の鳥浜貝塚では、暖かい季節には漁撈活動がおこなわれ、秋にはナッツの採集と保存が、冬は保存食料を消費しつつ狩がおこなわれたと推定されている。より北の地域ではナッツに代わってサケが重要であっただろう。いずれにせよ、このような活動による生活は、年間をつうじた定住生活にならざるをえない。

暖かい季節に漁をし、秋に蓄え、活動水準を下げて冬を越す生業活動の季節的パターンは、イネや雑穀が日本に入ってからも基本的には変わらなかった。それは、縄文文化も、また弥生文化をもたらした稲作文化も、ともに中緯度の森林環境で生まれた、移動しないことを前提にした生活様式であるからに他ならない。

3　定住民優越主義の誤り

定住生活の出現について、赤沢威は、「人類史の大部分は定住したくともできなかった歴史であり、その間人類は非定住を強いられていたのである」と述べている。(2)

このような見方は、食料生産の開始によって定住生活が可能になったとするチャイルドの新石器時代革命論を待つまでもなく、遊牧民や遊動狩猟採集民に対して定住民がいだく素朴な優越感にもとづいた偏見に一致している。だが、定住民が定住生活こそ人間本来の生き方と考えるのと同じように、遊動民は遊動生活こそ本来の生き方と感じていることにも思いをめぐらす必要があるだろう。

にもかかわらず、「定住したくてもできなかった」と考える根拠として赤沢は、人類の直立二足歩行、道具使用、育児をあげ、これらはいずれも定住生活においてこそ有効におこなえるのだと言う。われわれ定住民の引越しや育児の体験をふまえて、移動生活では道具や幼児は邪魔物であったという彼の主張はともかく、一般には、遊動民の素朴な経済システムでは定住することが不可能であるという判断がある。しかし、それだけを言うのはナンセンスであろう。なぜなら、反対に、定住民の経済システムによって遊動生活のできないこともまた明らかであり、それを根拠にして、同じように、「この一万年間の人類史は、遊動したくともできなかった歴史であり、その間人類は定住生活を強いられてきた」と言えるからである。

これが、それぞれの生活体験にもとづいた単なるお国自慢ならば、どちらが正しいというべき問題ではなかろう。だが、一方の見方に立って、しかも科学的な装いをこらして歴史を説明しようとするなら問題は重大である。キャンプを移動させる生活を、非定住と呼ぶべきといい、そして「人類の潜在的能力が長い非定住的生活のあいだは発揮されなかった」と述べる赤沢は、定住民優越主義にひたっていることに気がつかないようである。ちなみに筆者が使っている遊動という言葉は、遊牧の「牧」を「動」にかえて作られた言葉であり、霊長類学、生態人類学の分野で広く使われている。

定住民優越主義者が、人類の定住化の過程についていだいた関心は、定住生活を可能にした経済的要因を問うことに集中してきた。定住生活が人類の本来の生活だと考えれば、定住することによって生じるさまざまな困難な問題のあることに思いいたらないのも無理はない。だがはたして、定住しうる経済的条件がみたされれば、人類はただちに定住するものだろうか。そう考えるなら、一方で、遊動生活のできる経済状態に置かれれば、定住生活民はすぐにでも遊動生活ができるか、と問うてみるべきである。すでに一万年の定住生活の伝統をふまえて生きているわれわれにはそれは容易なことではない。それなら同じように、遊動生活にも数千万年の伝統があることを考えねばならない。その間に、人類以前の祖先からホモ・サピエンスまでの進化がおこり、遊動生活を前提にして発達した肉体的・心理的能力、あるいは社会や技術、経済システムがあったわけである。

そうであるなら、遊動生活から定住生活への移行は、人類の肉体的・心理的能力や社会、技術、経済システムのすべてを定住生活にあわせて再編成しなければならない革命的出来事であろうと予想しなければならない。そういったことの全体を問うことによってこそ定住生活以後の人類史を見る視点も定められようというものである。定住生活の出現によって、人類の輝かしい潜在能力が発揮されたと喜ぶのとは違い、しかし、こちらからは、しんどさばかりが見えてくる。

4　移動する理由

定住生活は、五〇キログラムもの体重があり、しかも集団で暮らす動物の生活様式としては、きわめて特殊である。強いて言えば、川や湖に棲むカバの生活がこれに近い。しかし、この場合、彼らの排泄物は水に流され魚が食べる、ということがある。陸上ではこのような効果的な浄化作用は望めない。

定住、あるいは巣に棲む大きな動物のいない理由は、同じ場所に長く留まることによって必然的に生じる環境汚染を防ぐことがきわめて困難であり、また、同じ場所で餌を食べれば、食料資源は減少して環境条件が悪化するためである。カバに見られる固体単位の採食テリトリー制は、これを防止する機能を持つのであろう。

捕食獣にたいする防御は人間の場合にはあまり問題にならないが、しかし定住すれば、ノミやダニ、ナンキンムシなどの外部寄生虫や病原菌の増加は避けられない。大型動物の定住的な生活は、動物の一般的な生き方として不都合が多い。人類はそれらを克服して定住生活を営む。しかし、それが克服できたからといって不都合がなくなったのではない。ただそれを内に抱えて、だましだまし生きるだけのことである。

前章で述べたが、現在の遊動民がキャンプを移動させる理由には次のような機能が働いている。

(1)　安全・快適性の維持

　a　風雨、洪水、寒冷、酷暑を逃れる。

　b　ゴミ、排泄物の蓄積から逃れる。

(2)　経済的側面

　a　食料、水、原材料を得るため。

　b　交易。

　c　協同狩猟。

(3) 社会的側面

a キャンプ成員間の不和の解消。

b 他集団との緊張関係から逃れる。

c 儀礼、行事をするため。

d 情報交換。

(4) 生理的側面

a 肉体的、心理的癖としての移動。

(5) 観念的側面

a 死者のでた場所、あるいは死体からの逃避。

b 災いからの逃避。

遊動民のキャンプ移動の持つ機能は、生活のあらゆる側面にかかわっている。遊動生活とは、ゴミ、排泄物、不和、不安、不快、欠乏、病、寄生虫、退屈など悪しきものの一切から逃れ去り、それらの蓄積を防ぐ生活のシステムである。移動する生活は、運搬能力以上の物を持つことが許されない。わずかな基本的な道具の他は、住居も家具も、さまざまな道具も、移動の時に捨てられ、いわゆる富の蓄積とは無縁である。掛谷誠は、遊動する「狩猟採集民の社会では、生態・社会・文化のシステム全体が〈妬み〉を回避するように機能して」おり、「病因論においても呪いは基本的に存在せず、あってもきわめてマイナーな位置しか占めない」と述べている。[3]彼らは妬みや恨みすら捨て去るのであろう。

一方、定住生活とは、これら一切を自らの世界に抱える生活システムである。この生活を維持するには、ゴミ捨て場を定め、便所を作るなどして環境汚染を防止しなければならない。不和や葛藤、不安の蓄積を防ぎ、すみやかに解消するために社会規範や権威が要求され、あるいは不安や災いの原因を超自然的世界に投影し、それをコントロールし、納得するための儀式や呪術が用意される。離合集散するルーズであった社会は、地縁的な境界で区切られ、死体との共存は、死者の世界と生きている人間世界の空間的、観念的分割によって了解される。世界はさまざまに分割され、それがまた社会的緊張関係のより大きな単位となる。

定住した人間は、継続的な薪用の樹木の伐採などによって村の周囲の森を二次植生にかえる。縄文時代の村むらには、そこにクリやクルミが生育していたし、フキやワラビ、ウド、ミツバなど、明るい場所を好むさまざまな植物が増えたであろう。定住した人間とこれら有用な陽生植物とはおのずと共生関係を深め、植物栽培が始まる。

植物栽培の出現は、定住生活がもたらした意外で重要な効果であった。

だが、食料生産をコントロールすることによって、あるいは、大きく効率的な道具の使用によって得られたエネルギーは、しかし、不和や抗争、不安、退屈、人口増加、環境悪化など定住社会が抱え込んだ問題を克服するために消費しなければならない。定住以後五〇〇世代を経て、人類のエネルギー消費が地球的規模の環境汚染をおこすほどに増加してもなお、これらの問題は解消されるきざしもない。

この一万年の人類の歴史は、その過程に新石器時代革命や、国家や文明の出現、市民革命、産業革命などを含みながらも、それらは全体として行方さだめぬ「定住革命」の過程をたどっているのではなかろうか。

第三章　狩猟民の人類史

1　人類サバンナ起源説の検討

二足歩行を始めた初期人類は、東アフリカの地溝帯における人類化石の研究によって、少なくとも四〇〇万年前には出現していたことが明らかにされた。しかし、それ以前の祖先については、およそ一〇〇〇万年前のラマピテクスが、これまで考えられてきたように人類の祖先ではなく、オランウータンに近い類人猿の祖先であることがわかり、候補となる化石はなくなった。

いっぽう、最近の分子生物学的な研究によって、現生人類とチンパンジー、ゴリラの遺伝子構造が比較された結果、これら三者の遺伝子の九九パーセントはたがいに共通していることが明らかにされるとともに、残り一パーセントの遺伝子がたがいに異なるのに必要な時間は、五〇〇万〜六〇〇万年程度であろうと推定された。この推定が正しければ、初期人類・オーストラロピテクス以前の人類の祖先は、もはや人類と類人猿との共通祖先としての前人類がいただけなのかもしれない。

　人類の出現について、エンゲルスが分業や分配、家族、道具使用などの人類的特徴と狩猟活動との関係を指摘して以来、人類の出現において狩猟のはたした重要性はことあるごとに触れられてきた。とくに、アフリカにおける初期人類が、獣の多いサバンナ環境に住んでいたことが明らかにされたことによって、人類の狩猟民起源説あるいは、サバンナ起源説は人類学において主流をなす仮説となっている。

　これにたいして西田利貞は、森林に住むチンパンジーも狩をするという観察をふまえて、狩や肉食は人類と類人猿とを区分する特徴ではなく、両者の違いは、人類が地下にあるイモ類や根茎を掘るのに、類人猿にはこのような行動がみられないところにある。したがって、人類の最初の道具は狩猟具よりもむしろ掘棒を考えるべきであろうとのべている(1)。

　また、丹野正は、ザイールのムブティ・ピグミーの生態人類学的研究から、熱帯森林は人類の生息するのに優れた環境であり、人類が熱帯森林で出現したと考えてなんの不都合もないと、サバンナ起源説に強く反論している(2)。彼のいうように人類の祖先は、人類化することによってそれまでのすみかである熱帯森林だけでなく、サバンナ環境にまで分布を拡大したと考えるほうが、私にも理解しやすい。

人類起源のこれらの論争は、けっきょくのところ、「サバンナに進出したことによって人類化した」と考えるか、「人類化したからサバンナにも分布を拡大した」と理解するかのちがいである。かつての熱帯森林地帯に初期人類の化石産出地がない現在、化石をもとに結論を出すことは困難である。

しかし、この問題の周辺には、手がかりとなる現象がいくつかある。すべての現生類人猿は、チンパンジーの一部が疎開林にも分布を広げているほかは、まるで熱帯森林にとじ込められたように分布しており、また、熱帯アフリカには、森林環境にも、サバンナや半砂漠にも、自然の食料に強く頼った人の生活の伝統がある。霊長類学や生態人類学などの研究成果が蓄積されつつあり、森林やサバンナが、ヒトと類人猿を含むヒト上科の動物の生息環境としてどのように異なるのか、あるいは、現生類人猿が森林から脱出できないのは何故か、といった疑問について、いっそうの議論が期待されている。

2 熱帯の狩猟採集民

生態人類学的な研究からは、すでにいちおうの結論が出されているのかもしれない。アフリカ大陸の狩猟採集民、ブッシュマンやハッザ、ピグミーは、半砂漠、サバンナ、森林に住みながら、いずれもが、野生する植物性食料の採集により多く頼り、狩で得た肉は彼らの食料の三〇パーセント以下を占めるにすぎないことが明らかにされてきた。熱帯での生活は、地域的な環境のちがいにもかかわらず、採集活動に重点を置く狩猟採集民としての共通性が指摘されたのである。

彼らは、数家族からなる小さなキャンプをつぎつぎに移動させる遊動生活者である。成人男女は、平均して一日二〜四時間を狩や採集のために使い、それによってキャンプ成員の毎日の食料をまかなっている。不毛の土地に思えるカラハリ砂漠においてさえ、このていどの時間で必要な食料が調達されていたという事実がわれわれ文明人に与えたショックはじつに大きかった。

彼らは、多くの時間を、おしゃべりや歌、ダンス、昼寝に使うが、たとえばピグミーは、古代エジプトにおいて、すでに歌と踊りの天才として知られていたし、一六ビートにのせたポリフォニーを子どもでさえも自在にあやつる彼らの豊かな音楽性は、芸能山城組の山城祥二をして驚嘆せしめたということである。

原初的な人類は、チンパンジーのように、小動物を狩り、昆虫を捕らえていたとしても、果実や種子、若芽などの植物の重要性が、現在の狩猟採集民よりもさらに大きかった時代を経過してきたにちがいない。狩猟採集民以前に予想されるこのような人びとは採集民と呼ぶべきものであろう。一九七一年、フィリピンのミンダナオ島の山中で発見されたタサダイは、植物性食料の採集の他は、カエルやオタマジャクシ、カニ、魚を素手で捕らえるのみで、狩猟具や漁具をもたなかった。タサダイは、現代における採集民的な生活のきわめてまれな例とも言える。彼らは、なんらかの事情によって山地に逃れ隠れた農耕民に由来する人びとであるらしいが、熱帯森林環境における採集民の可能性をわれわれに示してくれたのである。

採集民的な生活は、年間を通じてじゅうぶんな植物食料の得られる熱帯森林においてこそ有効であろう。そして、人類が狩猟具や掘棒をもち、採集狩猟民になったとき、人類は熱帯の森林にもサバンナにも半砂漠にも生活できる高い潜在能力をもったということであろう。

およそ五〇〇万年前に絶滅したギガントピテクスは、サバンナに進出した唯一の大型類人猿として知られている。彼らは、乾燥地帯の植物を咬み砕く巨大な歯をもっていた。人類以外の生物一般の適応進化がすべてそうであるように、彼らは体を環境に適応させることによってサバンナへと進出したと理解されている。

これにたいして初期人類は、狩をし、地下の植物資源を利用し始めても、大きな犬歯や長い爪を発達させたわけではない。狩猟採集民の出現はいうまでもなく文化的な現象である。そして、文化というもののもっとも重要な性質は、新しく獲得された行動様式が、遺伝子をベースにした行動よりもはるかに速く同種個体間に拡散することであろう。とすれば、狩猟や、掘棒による採集といった文化的行動がどこではじまったにせよ、そしてまた、これらの行動が熱帯森林においてもサバンナにおいても優れた効果を発揮するものである以上、森林からサバンナへ、あるいはサバンナから森林へとすみやかに拡散しただろうと考えねばならない。

そもそも人類の起源が、数百万年前の文化的現象であることを考えれば、その起源地が森林であるかサバンナであるかということは、それほど重要なポイントとも思えないのである。現在のわれわれに可能な理解は、人類が狩猟採集民になったとき、採集民のすみかであった熱帯森林にも、そしてサバンナにも、すなわち熱帯の広い範囲に分布を拡大しえたということである。オーストラロピテクスがすでにサバンナにも進出していたことからすれば、彼らはすでに熱帯の広い地域に分布した狩猟採集民であったと考えるべきであろう。

ギガントピテクスの例でも明らかなように、サバンナへの進出はかならずしも人類化の十分条件ではなかった。とすれば、人類が文化的な対応によって、狩猟採集民になり、熱帯に広く分布したことについては、そのような方向性が、サバンナへの進出以前にすでに用意されていたのであろう。この意味において、すでにそれは人類化の一歩を踏み出していたことになる。採集民の段階ですでに用意された方向性とは、言うまでもなく二足歩行と道具使用への動きにほかならない。

3　文明以前の人類史の枠組

人類の歴史は、五〇〇万年以上も前の熱帯森林においてはじまり、その初期にすでに、熱帯の森林からサバンナまで分布を広げた。人類はその後も分布を拡大しつづけ、ついに数万年前の後期旧石器時代には高緯度の寒帯にまで達し、地上のあらゆる環境が人類の住むところとなった。その間、じつに長い時間が経過したことになる。

文明以前の、この数百万年の人類の歴史が、文明以後の数千年の歴史時代にたいする先史時代である。この長い歴史のあいだ、人類は比較的小さな社会しかつくらず、文明以後にくらべればじつに素朴な物質文化をもっていたにすぎない。われわれが未開社会、狩猟採集社会、バンド社会と呼び、あるいは川喜田二郎が「素朴」と表現している社会があったのみである。

われわれは、この素朴な時代の歴史をどのように理解すればよいのだろう。文明以後の、ここ数千年の歴史は、社会や経済、政治体制のたえまない拡大化、あるいは解体による変化の連続であった。現代のわれわれが目撃し、馴染んでいる歴史とはそうしたものである。しかし、文明以前の素朴な社会の歴史には、そのように急速で大きな変化はありようがない。先史時代と名づけたように、文明以前に歴史はないという文明人の感覚も、その意味においては当然のことである。

文明の歴史家は、この数千年の歴史を理解するのに、古代、中世、近世、現代といった、歴史を語るための大きな時代的枠組を用意してきた。これらの時代区分は、おもに社会・経済体制における統合原理を指標にしておこなわれるが、それは、社会・経済体制の拡大とその統合原理こそ、文明史を理解するもっとも重要な側面であるという認識があってのことである。

これにたいして、文明以前の五〇〇万年の人類史を語るのに、いかなる歴史的枠組が用意され、また、その歴史を理解するのにいかなる側面が重視されてきたのだろうか。社会・経済的統合原理という側面については、そもそも社会の大きさが小規模でありつづけた時代であり、文明史におけるような、規模の拡大傾向や変化を期待しても無駄であろう。そして実際、文明以前の人類史には、歴史を語るためのじゅうぶんな枠組は用意されてこなかった。

人類が狩猟を経済活動の一部として組み込んで以来、たとえば熱帯環境における狩猟採集民型の経済は、おそらく数百万年ものあいだ、ほとんど変化することなくつづいてきたにちがいない。急速に変化する文明史を理解しようとしてきた歴史時代の歴史観をもって、この、ほとんど変化しない文明以前の歴史を語ることはむずかしい。そこには、歴史時代とは異質な歴史があるのである。

先史時代の人類史は、歴史時代の歴史にくらべて、変化の速度がきわめてゆっくりしている。これについて、歴史的変化を発展として考える文明人は、先史時代の人類の創造性の欠如を予想しがちである。しかしピグミーは、われわれにもまして、だれもが豊かに音楽やダンスを楽しんでいるし、動物や植物について深い知識をもち、それを利用する技術を身につけている。採集や狩に出かける彼らは、もてる知識と技術、体力、好奇心、洞察力を駆使するのである。彼らの創造性は、技術革新や支配の策略や歴史的モニュメントをつくることにではなく、狩やダンスやおしゃべりのなかにじゅうぶんに発揮されているのであろう。

文明以前の生活をそのように考えなければ、高い知的能力をもった人類が先史時代の素朴な生活のなかで生まれてきたことを理解するのは不可能である。われわれからみれば素朴な先史時代の生活こそ、人類の高い知的能力を育てあげたのである。人類は、文明以前も文明以後も、つねに豊かな創造力に富んだ存在なのである。ただ、その向かうところが大きく変化したのである。

文明以後の歴史が、人口密度の増大や社会・経済体制の拡大に向かう過程であるとすれば、文明以前の歴史は、人類が熱帯から寒帯までの環境に応じたさまざまな生活様式を用意して、地球のすみずみにまで分布を拡大した過程である。文明以前の人類史を語る枠組を用意しようとするなら、まずはここに注目すべきであろう。

4　中緯度に進出した人類の戦略

人類化の動きが熱帯森林で用意された後、人類は文明以前に地球上のすべての環境へと分布を拡大していた。これこそ、文明以前の人類史が、五〇〇万年をかけて達成した偉大な事業である。分布域の拡大について文明以後の人類は、月に降り立ち、チョモランマの頂に立ったこと以外、ほとんどなんの貢献もしていない。

狩猟採集民としての人類が熱帯に出現した後も人類はじつに長いあいだ熱帯に留まりつづけた。人類が熱帯を出て、ユーラシアの中緯度地帯に足跡を残すのは、やっといまから五〇万年前の、北京原人のころである。中緯度環境には、熱帯で生まれた狩猟採集民がおいそれとは出かけられない、あるいは出かけたくない環境的背景があったのであろう。

中緯度の冬の寒冷を、体毛をなくした人類は裸では暮らせない。服や寒冷を防ぐすみかがなくてはならないし、凍った大地を歩くには靴や帽子、手袋も必要であろう。寒冷を防ぐためのコストは大きい。中緯度に住むわれわれが冬の下着や服、寝具、暖房器具、燃料に費やす費用は、熱帯では必要のないものである。中緯度の人類は、そのためのコストを稼ぎ出さなくてはならない。

狩猟や採集の舞台としての中緯度環境も熱帯環境とは大きく異なる。熱帯の森林では、年間を通じて果実や若芽、種子が採集できるし、サバンナでも半砂漠でも、掘棒があれば、どの季節にも植物性食料が得られた。それが、類人猿や採集民、狩猟採集民の経済の背景であった。しかし中緯度の温帯環境では、若芽は春に、果実や種子は秋にしか手に入らない。季節によって植物性食料の豊かさは大きく変化するのである。とくに冬は食べられる植物を探すことが困難である。年間を通じた植物採集に強く頼った狩猟採集民の生活は中緯度の環境では成立しがたい。

中緯度に生きる獣たちは、この環境に二つの戦略で対応している。ひとつは、食料の豊かな季節にそれを蓄え、冬のあいだは活動水準を下げて暮らす冬眠型の戦略である。クマやリス、ネズミ、ヤマネなどがその例である。イノシシやシカ、ニホンザルなども、秋に実る果実や木の実を食べて皮下脂肪を蓄え、冬の欠乏に備えている。彼らは冬眠しないが、冬に備えてエネルギーを蓄えるところは冬眠型の戦略に近い。このような戦略は、おもに植物性食料に強く依存する動物にみられる。秋にサケを食べて太るクマや、カエルや昆虫のハヤニエを作るモズなどは、肉を蓄えるまれな例であろう。

これに対して、トラやオオカミ、イタチ、キツネなど、狩をする獣は、冬の間も活発に活動をつづける。彼らの食料となるシカやウサギ、ネズミなどの草食獣は、冬の前に多くなるわけでもなく、また冬になるといなくなるわけでもない。優れた狩の技術さえあれば、年間を通じて狩り続けることができる。この場合、脂肪を蓄えて体を重くすることは、獣を追って長く歩き、敏捷に行動しなければならない狩のためにはむしろ不利であろう。蓄える戦略と狩りつづける戦略とは、相容れない戦略なのである。

中緯度に進出した人類は、この二つの戦略をどのように採用したのだろうか。中緯度に現われた初期の人類は、北京原人が巨大なクマやサイ、シカ、ウマなどを狩り、三〇万年前のスペインのアンブロナ遺跡を残したアシュール石器をもつ人びとも、ゾウやウマを沼に追い込んで狩っていた。彼らの狩猟技術はすでに高度に発達していたのである。

中緯度における狩猟技術はその後も発達をつづけ、われわれがビッグゲーム・ハンター（大動物狩猟民）の称号を与えている後期旧石器時代人につづく。彼らは、ウマを崖から落として群れごと狩り、何十頭分ものマンモスの骨を積み上げて住居を作ることができた。熱帯の狩猟採集民にはおよびもつかない狩猟技術である。すなわち、中緯度へ進化した人類は、まず狩りつづける戦略を採用したようである。そして、その技術の完成が、後期旧石器時代になって、人類がさらに高緯度環境にまで分布を広げるための基盤を用意したのである。

文明以前の長い人類史において狩猟のもつ意味は大きかったのにたいして、蓄える戦略の採用はずっと遅れて現われる。中緯度以北において、計画的な蓄えの対象となる食料は、おもに秋に落ちる木の実や、サケなどの遡河性魚類であるが、木の実を大量に調理するのに必要な石臼や土器、魚を獲る道具、あるいは貯蔵の施設が現われるのは、後期旧石器時代の終末から新石器時代にかけてのことである。

蓄える戦略の採用が長いあいだ発達しなかったことについては、答えるべき多くの問題がひそんでいるだろう。しかしともかく、この時期以後の蓄える戦略への傾斜こそ、遊動生活者として自然の呼吸のままに生きてきた人類を定住者へと導き、食料生産や、人口の爆発的増加、そして文明へと向かわしめた。定住以後の人類史は、人間的世界を極度に拡大してきたが、同時にそれは自然的世界を追放することでもあった。そもそも「蓄える」ということが、すでに自然に対する過剰な搾取であったのだろう。

第四章　中緯度森林帯の定住民

日本列島における縄文時代の文化が狩猟採集民文化としても、農耕文化としても理解しにくい側面を持つことはこの時代の文化遺物に接してきた多くの人びとが感じとってきたところであろう。縄文時代とほぼ時を合わせて、ヨーロッパから西アジア、インド、中国にかけての各地に出現した農耕牧畜をともなう新石器時代にたいし、農耕牧畜を発達させたとは言い難い縄文時代の文化は、いわば準新石器文化として、きわめてあいまいな位置しか与えられてこなかった。人類史的な視野からの位置づけを欠く縄文文化の研究が、膨大な発掘資料の蓄積にもかかわらず、ややもすれば日本列島における地域史としての視点しか持ちえないのも当然のことであろう。

しかし、新石器時代、あるいは新石器文化の概念も、ヨーロッパや西アジアにおける地域史をもとに組み立てられているにすぎない。それがあたかも人類史的な時代区分、あるいは文化の区分であるかのように考えられてきたところにも問題があるだろう。地域史を越え、はるかな高みから地球を見たとき、後氷期の中緯度森林環境に出現した新たなる生活様式はどうみえるのか。人類史の立場から位置づけを試みた。

1　農耕以前の定住者

縄文時代の研究は、稲作農耕がはじまるはるか以前の日本列島に、野生動植物の採集、漁撈、狩猟に大きく依存した定住的な村生活のあったことを明らかにしてきた。農耕をほとんど、あるいは全くおこなわない定住民は、北米におけるカリフォルニアや北西海岸の諸民族、北海道のアイヌ、シベリアのウリチやナナイなどの民族においても知られており、彼らの物質文化や社会が、遊動生活を続ける狩猟採集民に比べてより高度に発達していることから、それらと区別して「高級狩猟採集民」、あるいは「成熟せる採集民」などと呼ばれてきた。意匠をこらした土器を焼き、漆を塗った弓や盆を作るなど、単なる機能を越えたところにも多大の労力を投下していた縄文時代の生活もこれと同じ範疇《はんちゅう》に入るものであろう。

ところで、人類が出現して以来、数百万年を狩猟採集民として生きてきたことは広く認められていることである。しかし、そこで狩猟採集民と言うとき、いま述べた高級狩猟採集民が示す生活様式はいかに位置づけられてきただろうか。彼らについて

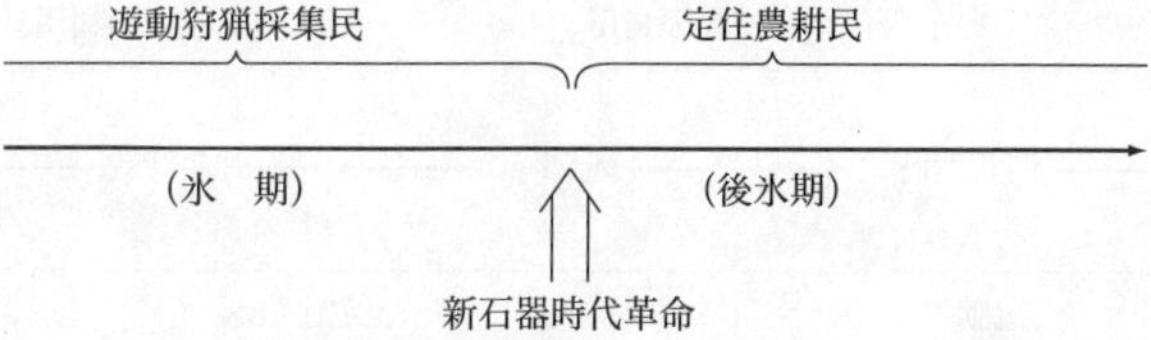

図1　新石器時代革命モデル

は、例外的に豊かな環境における例外的な狩猟採集民とみなすことがむしろ一般的であり、[1]またチャイルドの新石器時代革命（＝食料生産革命）による定住生活の出現という図式以来、人類史のなかにこのような生活様式を収める場所はほとんど用意されてこなかったのである（図1）。

彼らを特殊な狩猟採集民とみなすなら、おそらくそこで予想されている一般的な狩猟採集民は、アフリカのサンやピグミー、ハッザ、東南アジアのネグリート諸族、大盆地のショショニや極地のイヌイットなどのように、運べるだけのわずかな道具を持って遊動する狩猟採集民なのであろう。だが、遊動狩猟採集民の伝統は熱帯の森林や、半砂漠地帯、あるいは半年以上氷雪にとざされる寒帯など、農耕民や文明が長く侵入しなかった地域には今もなおその姿が見られるものの、後氷期に拡大した中緯度の温帯森林地帯にはその痕跡すら認められない。

農耕や文明が世界に広く拡散したのは、後氷期以後のここ数千年のことであり、その中心地は西アジアや中国、インド、ヨ

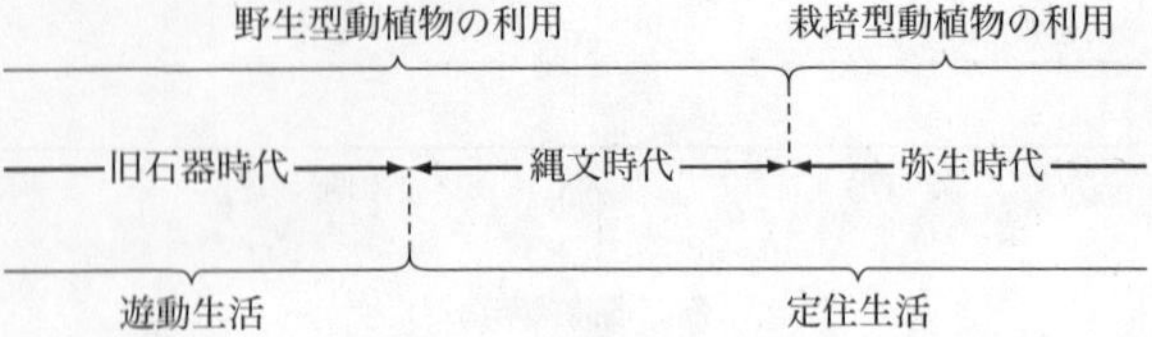

図2　日本における文化変遷

ーロッパなど、中緯度の森林地帯とその周辺地域であった。当然のことながらそれ以前の中緯度森林地帯には農耕民や文明の進出によって今は姿を消した農耕以前の生活があったはずである。はたしてそれは、チャイルドの図式が求めるような遊動狩猟採集民であっただろうか。日本における縄文文化のあり方は、そのような図式が成立し難いことを示している。日本における生活様式の変遷過程は図2のように表わすことができる。

縄文時代の日本には、ヒョウタンやリョクトウ、アサ、エゴマ、シソ、ゴボウなどの外来の有用植物が持ち込まれたし、クリやクルミ、フキ、ワラビなど、明るい開けた場所を好む有用植物が集落の周辺に集中し、一部の地域では栽培の比重が大きかったことも予想される。しかし、それでも縄文文化の経済は野生動植物の狩猟、採集、漁撈活動に大きく依存していたことも確かであり、栽培することが縄文文化の経済や社会の要の位置を占めていたとは思えない。

だが一方で、縄文時代には定住的な村生活がおこなわれた。

この点については、栽培植物や家畜をともなった弥生時代以後の生活様式と共通しているものの、縄文以前の旧石器時代に予想される狩猟採集社会とは異質である。定住生活の始まりと、農耕を主要な社会経済基盤とした社会の成立との間には時代的ずれがあり、そこに狩猟採集を主な経済基盤とした定住生活が続いたのである。

このようなありかたは日本においてだけの現象ではない。ヨーロッパにおいても、ムギ類やヤギ、ヒツジなどの栽培型植物や家畜が拡散する以前に、すでに中石器時代の定住的な生活があった。(2) 西アジアにおける中石器時代のナトゥーフ文化には、たとえば、ヨルダン渓谷のフーラー湖畔のアイン・マッラー遺跡におけるように、大きな石臼と炉、貯蔵施設を持った石囲いの竪穴住居を作り、手のこんだ石製容器やネックレスなどの豊かな物質文化を持った定住的な生活がある。(3) 西アジアに栽培植物や家畜が現われるのはこれより後のことである。

北米の中西部、東部海岸においても、トウモロコシの栽培が始まるよりもはるかに古く、たとえば、イリノイ河流域のコスター遺跡でみられるようにアーカイック期の定住生活が出現している。(4) カリフォルニアの海岸部では八〇〇〇年前から五〇〇〇年前にかけて、それまでの狩猟民的生活から、多量の石皿や磨石を伴った木の実の採集に重点を置いた生活に移行し、さらにそれは、木の実や貝、魚類、獣など多様な食料資源に依存した定住生活に移行する。[5] 世界の中緯度森林地帯の広い地域において、「中緯度森林の定住民」ともいうべき農耕以前の定住民が存在していたことになる。

農耕以前の中緯度森林地帯には遊動狩猟採集社会よりもむしろ定住社会が一般的であるのなら、「中緯度森林の定住民」は、例外的に豊かな環境における例外的な狩猟採集民などと言うべきものではなく、人類史におけるより一般的な生活様式の一つとして把握されなくてはならない。北米のカリフォルニアや北西海岸の諸民族などにみられた、野生動植物の採集、漁撈、狩猟による定住生活は、ただ最近にいたるまで農耕民化しなかったことにおいてのみ、例外的な中緯度森林の定住民ということになるのである。

中緯度の森林環境に定住民が出現する背景には、亜寒帯的ステップや疎林における狩猟に重点を置いた旧石器時代の生活から、晩氷期以後の温暖化による温帯森林の中緯度地帯への拡大に対応して、魚類や、デンプン質の木の実や種子に依存を深め、漁網やヤナなどの携帯できない大型漁具や、食料の大量貯蔵が発達したことがあった。初期の定住生活者の出現は地域によって多少の違いはあるものの、日本列島においても、ヨーロッパ、西アジア、北米の中西部とカリフォルニアにおいても、更新世終末

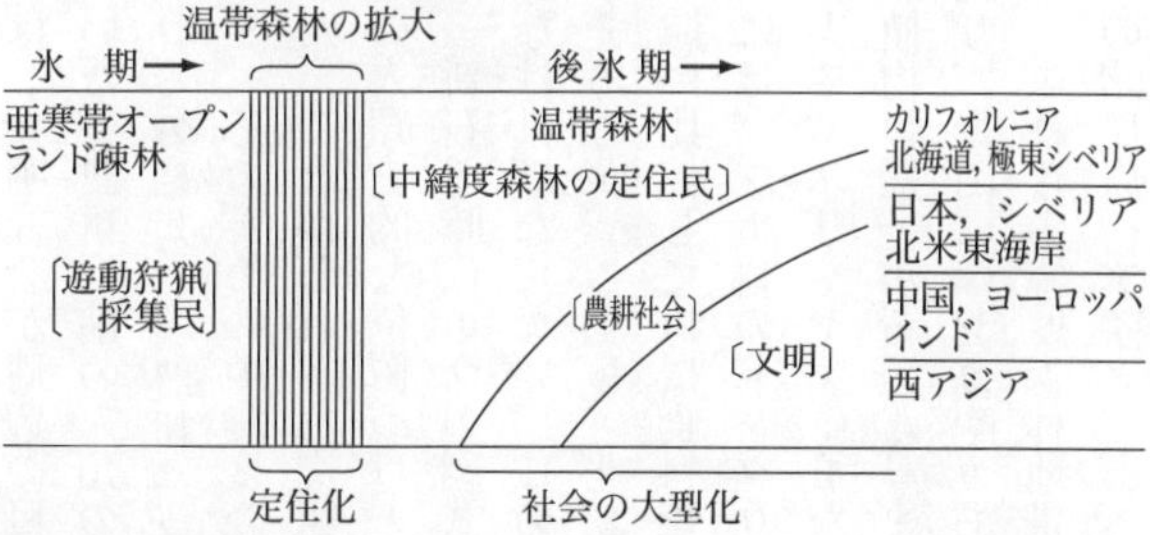

図3　中緯度森林定住民の分布

期から完新世前半にかけて温暖化の時期に現われる。

これに対し、中緯度森林の定住民が栽培や家畜飼育を始め、あるいは農耕民や文明の進出によって消滅する時期は地域によって大きく異なっている。西アジアは最も早くに農耕化した地域であり、やや遅れてヨーロッパが、そして中国でも、農耕化は定住民出現後の比較的早い時期におこったのであろう。

日本では縄文時代の終末期から農耕文化の影響を受けるようであり、ほぼ同じ時期に、北米東海岸一帯にトウモロコシ栽培が拡散したようである。後のちまで中緯度森林定住民の伝統が生き続けたのは、北海道から極東シベリアにかけての一帯と北米のカリフォルニア、北西海岸などのわずかな地域のみである。これらをふまえると、先ほどの図はさらに図3のようになるだろう。

世界の中緯度森林帯の大部分の地域における生活

は、文明社会が周辺の民族について記録を残すよりもはるか以前にすでに農耕化していた。農耕以前の人類の生活様式は、熱帯と寒帯では今もその伝統を継ぐ生活が見られるのに対し、農耕や文明が早く拡散した中緯度森林ではより早く消滅したのである。そのために中緯度森林の定住民の存在はわれわれにかすかな記憶しか残さなかった。これがわれわれ文明人に対して、かつて広く存在した中緯度森林における定住民の人類史的な位置づけと正当な歴史的評価を阻んできたのではなかろうか。

新石器時代革命の図式からすれば、中緯度森林の定住民は例外的な狩猟採集民としなければならない。この例外的生活様式の背景に例外的に豊かな環境が予想されたのであるが、しかし、北米のカリフォルニアや北西海岸、北海道が、他の中緯度森林地域に比較して特に食料資源の豊かな地であるといえるのだろうか。中緯度の温帯森林には、ブナ科のドングリ類やクリ、ヒシ、クルミ、ハシバミ、アーモンドなどの木の実や、ユリやヤマイモなどの根茎類があり、その周辺のやや乾燥した地域にはイネ科植物の種子があった。また降雨に恵まれて、多くの魚介類の棲む川や湖、池、海があり、野山にはシカやカモシカ類、イノシシなどの獣がいた。

これら中緯度森林地帯に広くありふれた食料資源こそ、カリフォルニアや北西海岸の諸民族やアイヌ、あるいは、縄文時代や西アジアのナトゥーフ、ヨーロッパの中石

講談社学術文庫のシンボルマークはトキを図案化したものです。トキはその長いくちばしで勤勉に水中の虫魚を漁るので、その連想から古代エジプトでは、勤勉努力の成果である知識・学問・文字・言葉・知恵・記録などの象徴とされていました。

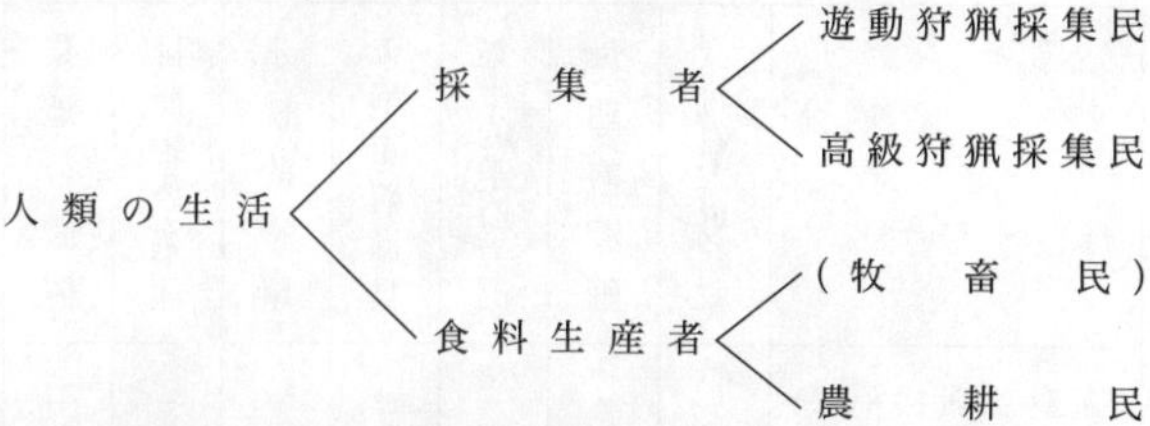

図4　新石器時代革命論と生活様式の分類

集民とともに狩猟採集民として分類することに問題がありはしないか。

一般に、人類の生活様式は、食料を採集するか生産するか、あるいは野生型動植物を利用するか栽培型動植物を利用するかにもとづいて、狩猟採集民と食料生産者とを区別し、それぞれをさらに遊動狩猟採集民と高級狩猟採集民、あるいは農耕民と牧畜民などに分類する（図4）。新石器時代革命の歴史観が、生産様式によるこのような生活様式の分類体系と表裏の関係にあることは言うまでもない。

しかしながら、人類史的に見れば、中緯度森林の定住民は、遊動狩猟採集民と農耕民との中間に位置している。彼らは、主に野生動植物を利用することでは狩猟採集民との共通性を持っているが、定住生活者ということでは農耕民に近い。したがって、これら三者を分類するとすれば、生産様式と生活様式の二つの側面のどちらをより重要な分類基準とするかについて議論がなければならない。

	墓地の設置	排泄物の処理	永続的家屋	大型定置漁具	集中的季節労働	長期的計画	食料の大量貯蔵
遊動狩猟採集民	−	−	−	−	−	−	−
中緯度森林定住民	＋	＋	＋	＋	＋	＋	＋
農耕民	＋	＋	＋	＋	＋	＋	＋

＋：アリ　−：ナシ

図５　遊動民，定住民，農耕民の比較

この問題について私の理解するところを図５に示した。食料を大量に保存して定住生活を営むことについては、半年、一年、あるいはさらに遠い未来に対して、今という時点から働きかける生活であることは強調しておくべきであろう。縄文時代の家屋や北米北西海岸諸民族の家屋は、一〇年ないしそれ以上も長く使用するために、大きな労力を投下して建てられるものであろうし、食料の大量貯蔵のためには、採集するにせよ栽培するにせよ、季節に追われる数ヵ月間の多忙な労働に耐えなければならない。これらのことは、中緯度森林の定住民と農耕民に共通しているが、必要物資の欠乏や、災害、危険、不和、不安、汚染など、さまざまな不都合をキャンプ移動によって解消しようとする遊動民の生存戦略には原則的に無縁のものである。

熱帯の遊動狩猟採集民はほとんど食料を蓄えない。明日も必ず食料が手に入ることが前提にあり、また、それを疑わない自然に対する全幅の信頼があるからであろう。煎本孝は、カナダのタイガに住む狩猟民が、食料も底をついた冬のキャンプで、トナカイの南下をただじっと待つ姿を描いたが(7)、その根底にあるだろう自然によせる深い信頼感は、長期的な計画、努力、蓄えに頼って生きようとする定住生活者にはもはや持ちえないものではなかろうか。アイヌが、さまざまな複雑な儀式を通じた神々との駆引きによって、未来の豊かな恵みの保証を得ようとしたことに、未来を計画し、多忙な労働に耐え、蓄える民の自然観の原点を見ることができよう。そしてまた、未来の制御を確信することこそ農耕を支える精神ではなかろうか。

中緯度森林帯における、遊動民から定住民、そして定住民から農耕民にいたる歴史的過程のどちらがより重要な意味を含んでいるのか。これらのことから私は、採集か農耕かということより遊動か定住かということの方が、より重大な意味を含んだ人類史的過程と考え、生産様式を重視する「新石器時代革命」(＝食料生産革命)論に対して生活様式を重視する「定住革命」の視点を提唱した。

同時に、中緯度森林の定住民を、栽培型植物を持たないこと、あるいは栽培の比重が小さいことによって狩猟採集民のカテゴリーに入れることは、われわれの目を問題

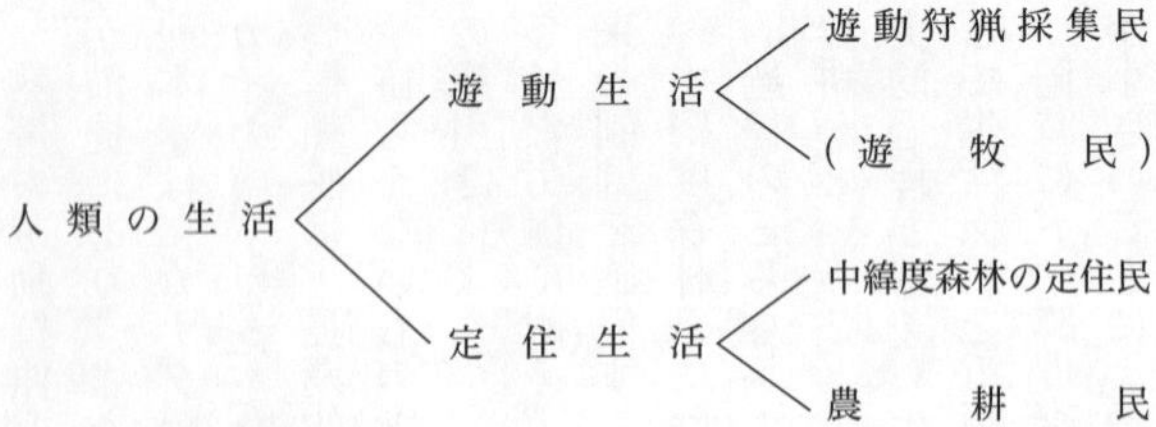

図６　定住革命論と生活様式の分類

の本質からそらすものと考える。彼らは、定住生活者であることによって、農耕民とともに定住民のカテゴリーに入れられるべきであろう（図６）。「高級狩猟採集民」、あるいは「成熟せる採集民」という名称でなく、「中緯度森林の定住民」としたのはそのためである。

中緯度森林の定住民と農耕民との関係が次の問題である。たしかに栽培型植物や家畜の有無は一つの判断基準である。しかし、ここでの目的は、人類の生活の理解にあるのであって、食料資源としての動植物の形態的、遺伝的な性質自体に興味があるのではない。農耕化の現象が単に品種改良の問題であるなら、その過程の理解は育種学が専門とする領域であろう。問題の本質は、栽培することがはたした人類史的な意味を問うことにある。

しかしそのように設問すると、その区別が実に困難であることを知ることになる。たとえばカリフォルニアや北西海岸インディアンは、素朴な農耕民よりもさらに高い人口密度を維持していたと推定されているし、しかも比較的高度な物質文化を維持し、また、その規模は小さいとしても世襲される分業や身分の分化が見られた。これらのことは、農耕による高い生産力を背景にしてより高度に発達することはあったものの、しかしそれは程度の問題であり、農耕以前の定住民の段階ですでにそのような傾向性が準備されうると考えなくてはならない。

また一方、人類が植物の栽培や家畜の飼育を始めたとしても、それまでの採集や狩猟、漁撈活動がただちに放棄されたわけではない。弥生時代になっても縄文時代以来の生業活動の多くが続けられたし、西アジアの新石器時代でも野生動物の狩猟やピスタチオやアーモンドの採集が続いた。北米東海岸にトウモロコシ栽培が広がった後も、イロコイやアルゴンキンなどの諸民族は狩猟や漁撈、クルミやクリ、ドングリなどの採集を盛んにおこなっていた。畑の耕作は、彼らの生業活動の一部を占めたにすぎないのである。このような状況はヒエやアワを栽培したアイヌにおいても見られた。

さらにこの話を複雑にさせるのは、栽培型植物が栽培される以前に野生型植物の栽培ということがありうることである。カリフォルニアの定住諸民族は栽培しなかったとされているが、バウムホフは、彼らの救荒食であったトチの木がかつての集落跡に今もはえており、その種子は彼らが運搬したのであろうと述べている(8)。トチの他にも彼らはさまざまな野生の有用植物を集落に持ち帰っただろうし、それらの植物の多くが彼らの集落の周辺に繁殖していた可能性はすこぶる高い。

縄文時代の遺跡からは高い頻度でクリの木炭が出土しており(9)、クリが集落の周辺に高い密度ではえていたことを示している。定住集落の周辺には、薪や建築材の伐採などによってクリやクルミ、ヤマイモ、フキ、ウド、イタドリ、キイチゴ類、サンショウなどが好んではえる開けた明るい場所がおのずと出現し、排泄物や食料残滓《ざんし》の廃棄によって土壌養分が蓄積し、そして人びとはさまざまな植物を集落に持ち帰る。このような状況のもとで生育する植物は、たとえ野生型であったとしても、もはや単なる野生植物ではあるまいし、それを利用することは単なる採集でもない。定住集落の出現によって生じる有用人里植物と定住生活者のこのような共生関係はすでに栽培への最初の重要なステップを踏みだしているのである。

中緯度森林の定住民は、栽培へのステップを用意し、比較的高い物質文化や人口密度を維持し、萌芽的ではあるが世襲的な分業や社会階層を出現させることもある。また栽培が始まったとしても、それが社会経済に占める重要性にはさまざまな程度がありうる。こうしてみると、中緯度森林の定住民と、素朴な段階にある農耕民とがきわめて密接な関係にあることは明らかであり、それらは区別するより、むしろ連続した一連の傾向性のなかで把握されるべきであろう。

したがってその間に、栽培、あるいは栽培型植物の有無によって人類史上の大きな画期を設定することにも、両者がまるで異質な生活様式であるかのように分類することにも賛成できない。農耕が人類史においてはたした意味は、定住生活を生みだしたことにではなく、中緯度森林の定住民の段階には見られないさらに高い人口密度や、より大きな集落や都市、より複雑な社会経済組織などの形成過程においてこそ評価される。すなわち、それ以前の素朴な社会にとどまっているなら、たとえ栽培型植物の栽培がおこなわれたとしても、中緯度森林の定住民の範囲内にあるものとして理解しておくべきである。

縄文時代の研究において、栽培や農耕にまつわる長い議論があるが、これをことさら熱くしてきたのも、農耕の有無によって時代の評価を大きく変えなければならないとする歴史観があったためであろう。しかし、縄文早期以来の漸進的な土器の変遷過程が明らかにされ、集落の規模や住居や石器、あるいはそれらから予想される社会や技術がこの時代を通じてある範囲内の高い同質性と連続性が明らかにされている縄文時代において、たとえ「農耕」を予想しうる栽培植物があったとしても、それによって縄文時代を、採集と農耕の、まるで異質な二つの時代に区分すべきとは思えない。すなわち、そのような歴史観に基づいた設問は、縄文時代や他のさまざまな中緯度森林の定住民の研究において、もはや大きな意味を持たないと考える。

第五章　歴史生態人類学の考え方――ヒトと植物の関係

「ダーウィンは、生物の進化、……を、生物の生活の機構をつうじてとらえようとした。生物の生活の機構はすなわち生態学の対象である」[1]。そしてエルトンは「生態学的な方法は……人間の研究にもつかえよう。そのときには、社会学と経済学を形成する」[2]と述べている。生態人類学の視点と可能性が示されたわけである。

生活の機構は、さまざまな時間スケールでとらえることができる。比較的短時間で完結する過程は行動（または活動）と呼ばれる。繁殖行動、採食行動などである。また、動物が分布を広げてゆく場合のように、世代を越えて進行する過程は、遷移あるいは歴史となるし、さらに長い時間が経過して形態や性質が、祖先とある程度以上異なってくれば、それを進化と呼ばなくてはならない。

動物は、行動、歴史、進化といった時間スケールで環境との関係を調節しているわけである。だが、一般に、動物生態学は行動の観察に重点を置いており、そのために、生態学と進化学とが時として分化することもある。同様に、生態人類学においても、行動という時間スケールでの生きる機構に焦点のあてられることが多い。これに対し、歴史、進化という時間スケールで人間の生きる機構を明らかにすることを強調するなら、歴史生態人類学、あるいは進化生態人類学という分野を考えることもできるわけである。すなわち、生態学的方法を人間に適用すれば、それは、社会学、経済学とともに歴史学を形成するわけである。

われわれが、ふつう直接観察できるのは行動である。時に、少し注意していれば歴史過程に気づくこともある。京都の市街地に、いつの頃からかキジバトが多くなり、また子どもの頃によく見かけたコウモリがいなくなっている。われわれは、この変化過程をすでに観察することはできない。しかし、この過程にかかわった要因を探る手掛かりは、行動の観察から得られるかもしれない。たとえば、市街地と山林にすんでいる現在のキジバトの行動を比較して、もし両者の生活にちがいが見出され、それぞれが環境とうまく調和しているなら、それらは、この過程でおこった行動の歴史的変化とみることができる。さらに、これを山林と市街地の環境変化の様相と重ね合わせて変化の過程を検討するという手口である。ダーウィンが、ガラパゴス諸島に住む小鳥の形態と行動の観察から進化の要因を考えたのと同じ方法である。

さらに長時間を経て、徐々に進行する歴史や進化となると、もはや日常感覚的にはそういったことがあったことにさえ気がつかない。まず、どんな現象があったかについて、伝承や古文書、遺跡、化石などから復元しなくてはならない。

今西錦司は、ダーウィンの研究を解説したなかで「進化は事実であるとしても、一つの歴史的事実である。この事実を真理にまで高めなければ、万人を説得するわけにはゆかない。彼は……進化のおこる必然性をさがし求め、これを集められるかぎりの資料でささえて、確固不動のものにしようとしていた(3)」と書いている。歴史的事実の集積自体は目的ではない。歴史変化の必然性を探し求めよ。そのために使える資料を広く求めよ、ということである。歴史生態人類学の目標と態度を示しているように思える。

エルトンが述べたように、生活の機構は、経済と社会とを主な内容としている。歴史生態人類学が関心を持ちうるテーマも、経済と社会にかかわる歴史的現象に集中することになる。これを人類の歴史という場面にのせて考えるなら、二足歩行や道具、言語、家族、狩猟、農耕、牧畜、交易、国家などの起源や変化といった現象がこの学問の興味を持つところとなる。これを時間で示せば、人類以前から現在までの、数千万年間ということになる。

歴史的現象というものには、生態学的手法ではふれにくいもののあることも考えておく必要がある。たとえば、およそ一万年前に出現した土器は、食物レパートリーを増すということにおいて生態学的に大きな意味を持っただろう。だが、この土器にほどこされている文様が、生活の機構としての経済や社会と必然的関係を持ちつつ変化しているとは思えない。

同じく、H_2O の液体に名称を付けることは重要であっても、これを水、Water, Tubig などと表現することに生態人類学的な意味をみつけるのも不可能である。これで明らかなように、歴史生態人類学が扱う歴史は、たとえ具体的な例をあげる時にはそうだとしても、ある民族、あるいはある文化の歴史といったものにはなりにくい。民族や文化といった枠組をとりはずしてここで扱う歴史は、すなわち人類史というべきものである。もし、生活の機構ということに照らし合わせて、意味があるなら、言語や時代、地域の差は無視して比較の対象となりうるし、ある場合には、人間以外の動物との比較からも問題理解の手掛かりを得るであろう。

行動という時間スケールを越えた時間スケールで、生活の機構がどう働いているか、二つの例を見ていただきたい。

1　焼物産業とアカマツ

まず、窯業と森林との関係を述べる。紀元五世紀の中頃に、日本で最初の大規模な焼物生産が、大阪府南部の泉北丘陵一帯で始まった。(4) 出土した窯跡に残っていた木炭の種類を調べた結果が表1に示してある。

初期の窯跡では、カシなどの広葉樹の木炭が多かったが、二〇〇年もたつとほとんどアカマツに変わったことが見てとれる。大規模な窯業生産によって、周辺の森林が変化したわけである。

もともと、泉北丘陵には、自然としての広葉樹林が存在していたため、多量の薪を必要とした人間は、まずそれを伐採して利用せざるを得なかったわけである。ところが、人間が森林伐採をくりかえすと、森林破壊に対する植物社会の反応として、広葉樹林はアカマツ二次林へと変化する。焼物生産地の周囲の森が、アカマツ林になれば、アカマツを燃料として使わざるを得ない。

人間の行動が環境としての植生に影響し、植生がそれに反応して変わり、変化した植生がまた人間の行動に反映するというプロセスが、およそ二〇〇年ほどかかって進

表1　須恵器生産の燃料

時期	窯番号		アカマツ	常緑カシ類	広葉樹	その他	試料数
5世紀後半	TK73		0 0	41 64％	23 36％	0 0	64
	MT−2		5 8％	1 2％	52 88％	1 2％	59
	おおはす−下		0 0	3 13％	21 87％	0 0	24
	MT−74		2 5％	3 8％	34 85％	1 2％	40
6世紀後半	TK−74		17 25％	3 4％	48 71％	0 0	68
7世紀後半	KM114	灰原	24 48％	16 32％	10 20％	0 0	50
		焚口	39 100％	0 0	0 0	0 0	39
8世紀前半	おおはす−上		38 95％	2 5％	0 0	0 0	40

行したわけである。森林を伐採したのは、いわば人間の都合である。また、アカマツが増えたのは、森林破壊に対する植物社会の反応であった。アカマツを窯業生産の燃料として使うようになったのは、人間の都合と植物社会の都合との妥協の産物であると理解できる。

　人間が森林破壊をくり返せば、このような状況はさまざまな場面で出現する。多量の薪を消費する製塩やタタラ製鉄、あるいは都市生活は、アカマツの林からのがれることができないわけである。

さて、日本で最初に須恵器が大量生産された頃は、アカマツも広葉樹も燃料として使われていたのであるから、当時の須恵器生産の技術は、特定の燃料に特殊化していたとはいえない。ところが、それから一〇〇〇年以上を経た日本の伝統的焼物技術は、すでにはっきりとアカマツを燃料とすることに特殊化している。

京都清水焼の窯が、公害反対の声に抗しきれずに郊外に移転したのも、アカマツを燃し続けたいがためであった。須恵器の生産以後、焼物生産技術の改良は、いつもアカマツを燃料とすることを前提にして積み重ねられたわけである。こうして作り上げられた窯業技術であれば、電気やプロパンガスを使ったのでは不都合が生じるのであろう。焼物生産に伴っておきた森林のアカマツ化現象は、技術的伝統のなかに固定され、ついには保守性を発揮することになったわけである。この背景には、アカマツで焼かれた焼物に長く親しみ、それに美しさを見出してきた消費者の好みの形成ということもあるであろう。

アカマツと焼物は、焼物技術や美的感覚までをまき込んである平衡に達していた。これがいま、伝統としての保守性を主張しているのである。現代にあっては、アカマツの薪は電気やプロパンガスを使うより高くつく。伝統化された行動は、平衡関係が失われた後も経済的不利益をこえるほどに保守的なわけである。

しかし、現代の日本の焼物産業全体を見れば、電気もプロパンガスもアカマツも利用されている。須恵器の生産が始まった頃と同じく、特定の燃料への特殊化のない状態といっていいのかもしれない。この状態は、次なる平衡関係へ向けての出発点となるのであろう。

2 行動と環境

ここで、人間と環境について少し考えたい。人間と環境との生態学的相互関係にあっては、人間も環境も不変のものと考えることはできない。これは、行動という短い時間スケールにおいても同じことである。たとえば、ある地域に何頭の獣がいる、というのは、環境の状態を示すものであるのに対し、生態学的関係というのは、人間が、その獣をとったために環境中の獣が減少するという動的な関係を通じたものである。この環境変化に対して、たとえば猟場を移動させるとか、他の獣を狩るとかといったように、行動としての反応様式が用意されるわけである。

人間と環境とが、このような相互関係をくり返し、双方が到達した妥協点に、行動様式が成立する。この時の行動と環境とは、お互いを抜きにしては存在し得ない。そうであるからこそ、環境が変化すれば、人間の行動は修正せざるを得ないし、人間が行動を変えれば環境も変わる。人間だけでなく、地球上のすべての生き物が、互いにこのような関係の網目のなかで生きている。その全体を生態系と呼んでいるが、これは、いずれの時間スケールで考えても流動的である。

さて、伝統化した焼物産業とアカマツは、いかなる関係にあったのか。両者の存在が互いに強く相手によりかかっているのだから、これは共生関係にあるといえる。一方で、この過程が進行したために、他の多くの生き物も大きな影響を受けている。カシやシイなど、照葉樹林の優占種は姿を消し、その森に棲んでいた多種の動物たちは、アカマツの増加によってすみかを追われたにちがいない。逆に、マツタケなどは増えたであろう。この地域の生態系は、窯業の出現によって再編成され、この過程についていけない生き物は消滅した。

森林伐採によって、人間との共生関係を深めるものと、カシのように競争的関係に置かれて消滅するもののあるのは何故か。それは、カシが日本の低地の極相林の優占種であるのに対し、アカマツは、そこではカシに追いちらされる弱い立場の植物であることによる。植物社会のなかで、すでに最も有利な立場にある植物に、いっそう有利な状況を用意することはできないが、アカマツには、彼の競争相手であるカシが除かれれば有利な立場をつかめる余地がある。共生関係が新たに生じるには、こうした背景がなくてはならないだろう。

以上のことをふまえた上で、つぎに農耕の出現について考えてみよう。窯業とアカマツの関係は食料の話ではなかった。だが、農耕といっても、人間と植物の関係の一つのあり方にすぎないわけである。人間と植物の生態学的関係について以上の知識を持った上でなら、農耕の出現という人類史上の大テーマも、一つの応用問題として考えることができる。

3 農耕の出現

農耕の出現については、これまでに多くの考え方が提出されている。その多くは農耕を知恵ある人間の創造力に期待して説明してきたようである。たとえば、オアシス説では、最後の氷期が終わる頃、西アジア一帯が乾燥化し、人間、ヒツジ、コムギなどがオアシスの近くに集中し、そこで人間は、ヒツジやコムギと共存関係を作るという。ここには、知恵ある人間ならば、ヒツジやコムギを全部食べてしまえば、遠からず死に直面することを見通し、何らかの手を打つにちがいないという含みが隠されている。そのような手を打てない野蛮人は死ぬ他ないというのであろう。

人間を創造力豊かな動物と仮定し、農耕を彼の発明と考えるなら、オアシス説のように、人間が創造力を発揮する条件を示せば、それでこの過程を説明したことになる。最近では、人口増加が農耕出現のきっかけになったという主張があるが、乾燥化という危機が、人口増加という危機に変わっただけで、説明の手口は同じである。

以上の二説は、人間の創造力は困難な状況下でこそ発揮されるという傾向を持つが、その逆もある。ブレイドウッドが西アジアのカシ・ピスタチオ帯を、またサウアーが東南アジアの水辺環境を農耕の出現場所と考えたのは、そこがとくに豊かな環境とみてのことである[5]。

農耕が、人間の創造力や発明といったように、知的動物の心理過程の所産とするなら、土器の文様の変化と同じく、生態学的手法で取り扱うのは困難であるし、これらの説明で満足しておかなくてはならないだろう。だが、農耕は、明らかに人間と植物の共生関係であり、それは生態学的な相互関係を通じても出現するわけである。また、共生関係ならば、人間以外の多くの生物で知られており、創造力豊かな人間に特有のものとは決して言えないわけである。

日本の新石器時代（縄文時代）には、クリやクルミ、シイ、ヒシ、ドングリ、トチなどのナッツが食べられていた。これらのナッツの食用習慣はそれ以来現在まで続いており、クリとクルミは栽培化されている。だが、シイやヒシ、トチは、かつて重要な食料であったにもかかわらず栽培化の方向に向かっていない。このことは、これらの植物が日本の植物社会の優占種であることを考えれば納得できる。

いまでは、シイの森は、お寺やお宮の聖地に細々と残るだけであり、ヒシは、人間のあまり近づかない池にはえ、トチは、この実を利用する山村ではしばしば保護される。これらの植物が人間の強い影響力の前で生き残るチャンスは、人間が近づかないか、あるいは保護するばあい以外にはないということである。縄文人がシイやヒシ、トチを保護していたことは十分予想しうるが、しかしそれは、これら優占植物に対する人間の寄生的関係を維持するものであって、両者の共生的関係を深めるものとはならなかったのである。

クリやクルミはアカマツと同じく、成熟した極相林中では優占種におさえられている植物である。ところが、縄文時代の遺跡から出土する食用植物としては最も頻度が高い。クリやクルミがどこにはえていたのかが問題となる。

縄文時代の遺跡から出土する木炭を調べると、必ずといってよいほどクリの木炭が混ざっている。クリの木を薪として使っているからには、クリの木が彼らの村のごく近い場所にはえていたと推定されるし、クリは、村の周囲のクリ林で集められていたと推定できる。クリの木を燃してしまえば何にもならないが、しかし彼らは、クリの実を集めた上でクリの木を燃しているのであり、これはむしろ、クリの木の間引きや枝の剪定などによって得られた薪と考えた方がよいのかもしれない。

福井県鳥浜貝塚(6)の縄文時代草創期と前期の二つの文化層から出土した植物種子を調べた結果、季節的なキャンプ地であったと予想される草創期と、定住的な村生活が営まれた前期とでは、明るい場所を好む草木種子の出かたに大きなちがいが見られた。草創期には少なく、前期にはすこぶる多くなっている。縄文前期の村の周囲には草木のはえる開けた明るい場所が広がっており、そこに生長していたクリやクルミも、定住生活に伴う森林伐採に対する植生の反応として生育していたのだと予想できる。

人間は火を使う動物であり、しかも集団で生活する。彼らが一ヵ所に長く留まって生活すれば、まわりから集める枯木だけで燃料を補給することは不可能である。そのために森が伐採されれば、極相林的平衡がくずれて二次林が出現する。二次林の出現は、定住生活を営む人間に必然的に付随するといってよい。

クリやクルミ、あるいは、山菜として利用されるフキ、ワラビ、ウド、ミツバ、タラノキなどの陽生植物は、極相林が破壊されてできた明るい二次林に好んではえる。もちろん、同時にアカマツやサクラなどもここに侵入してくるだろう。そしてまた薪用に伐採しなくてはならない。村の周囲にはえたクリとサクラのどちらを切るか。クリを切れば花見ができるし、サクラを切ればクリが増える。縄文人は、ただ選びさえすればよかったわけである。この程度のことならば、何も豊かな創造力に期待しなくてもクリ園の出現は説明できる。

縄文の村に安住の地を見つけたクリは、村人の要求によく応える木であるほどよく生き残れる。おいしく大きい実をたくさんつける木は大切にされるだろうし、そうでない木は薪にされる。人間も、クリがよく育つ条件について知識を殖やすだろう。

こうなると縄文時代の村人は、村のまわりでクリの実がたやすく手に入ることを前提にして、食料入手の行動スケジュールを再編成するだろうし、物語や歌のなかにもクリがとり込まれていくだろう。クリは、縄文人の生活の中に次第に深く組み込まれ、伝統化されるだろう。もしも彼らが、新しく村を拓くときには、伝統化されたクリは新しい村の周囲に積極的に植えられることになるだろう。

こういった過程が進む速さと、到達する程度には多くの要因がかかわるにちがいない。クリやクルミの他にも、たやすく手に入る食料があるなら、進行は遅いだろうし、村人がクリやクルミとの共生関係に特殊化する程度も少ない。反対の場合には、速く進行し、クリやクルミへの依存を深め専業化することになろう。

ただ、最初に人間が定住生活を始めた水辺環境は、クリやクルミと人間が共生関係を深めなくても生活できる豊かな場所であった。そこには、クリやクルミ以外の食料もあったわけであり、定住化が始まったのと同じ場所では、専業化するほどの特殊化はしないだろうと予想しうる。実際、西日本の低地では、縄文時代の終わり頃まで、クリやクルミは彼らの食料レパートリーの一部を占めるにすぎなかった。一方、本州中部高地には、縄文前期の後半以後、水辺からはなれた山腹に大きな集落が現われる。こういった状況は、クリやクルミの栽培への専業化を予想させる。

人間以外の動物では、南米にいるハキリアリのキノコ栽培が有名である。彼らは、植物の葉を切り取って巣に持ち帰り、それを咬みくだく。すると、その上にある種のキノコがはえてきて、アリはそれを食べて生きる。食用にするキノコ以外のキノコがはえれば、アリはそれを巣の外に捨てに行くこともする。

アリは本能的に行動し、人間は文化的に行動するというちがいはある。もともと木の葉を食べていたアリが、蓄えた木の葉にはえるキノコを食べ、除草までするようになるには、遺伝子の変化を伴う進化的時間が必要であったろう。人間の場合にはもっと短い時間の歴史的過程として栽培が出現した。だが、その過程は人間の場合もアリの場合でも、定住して生活する場所の周辺に、それに影響された環境が出現し、その環境を好む植物が侵入し、両者が互いに依存を深めることでは全く同じである。本能か文化かのちがいは、ここでは単に情報をのせる手段のちがいでしかなく、それは、この過程が進行する速度に影響するだろうが、生態学的なプロセスにかかわった諸要因は互いに比較可能である。人間について理解を深めようとするわれわれは、生態学的視点をふまえることによって、広い比較の対象を持ちえたわけである。

さて、人類の農耕の出現に関して、定住が先か農耕が先か、ということが問題にされることがある。人間が農耕を発明したのなら、農耕が先とも言えるからである。だがアリについては、その可能性は全くないことは明らかである。この場合われわれは、より普遍的な解釈を選ぶべきであろう。定住が先なのである。

第六章　鳥浜村の四季

日本列島に人類が暮らし始めてからも長い間、人びとは、獣の移動や植物の生長に合わせて移動する暮らしを続けた。簡単な道具を持ち運ぶ他は、財産や食料を大量に蓄えることもなく暮らした時代であった。だがおよそ一万年前の大きな気候変動によって、食料を蓄え、大きな施設や道具を作り、村を構えて暮らす縄文時代へと移行する。縄文時代前期の鳥浜貝塚は、そのような縄文時代の村の生活を生きいきと伝えてくれる遺跡である。

先史時代の復元は、遺跡に保存された情報を重要な手掛かりとするが、とはいっても得られる情報はいつも不完全である。欠落している情報の隙間を、さまざまな詰め物で埋めないかぎり先史時代は見えてこない。遺跡からより多くの情報を引き出す努力とともに、より良質な詰め物を求める必要もあるだろう。

縄文時代の日常生活をスケッチしてみることで、欠けている情報と、求めるべき詰め物のありかに気づくこともあるだろう。

1　湖のほとりに村を作る

今は埋れてしまった古鳥浜湖は、現在福井県の三方五湖として知られている五つの湖のさらに内陸部に、三方湖と接して静かな湖面が広がっていた。縄文時代の鳥浜村は、三方湖と鳥浜湖を分けている、西から突きでた岬の先端の狭い場所に営まれていた。村の正面は、南側の鳥浜湖に向かっており、浅い湖岸に作られた小さな桟橋には何艘かの丸木舟がつなぎとめてあり、網を乾燥する木組の台のならんだ広場の向こう側に、スギの皮やアシなどを巧みに葺いた家が四、五軒もあったろうか。家の後には、三方湖の上を走って吹きつける冬の北風をさえぎるように、ツバキやハンノキ、クルミなどを交えた茂みもあっただろう。

村人は、ほっそりとひきしまった体を、機能的でござっぱりした衣服で包み、きちんと髪を結い、髪飾りや、イヤリング、ペンダントなどで身を飾っている。

人びとが最初にこの土地を訪れるようになったのは、寒かった氷河期が終わりに近づいたころの最後の激しい気候の変動期をへて、やがて温暖化が着実に進行しようとする、今から一万年より少しばかり前のことであった。当時、まだ気温は低く湖を囲む山やまにはブナを主とする落葉広葉樹林が広がり、岬の陰の静かな湖面にはヒシがびっしりと浮かんでいた。多縄文を施した土器を持つ縄文時代草創期の人びとはヒシの実を集めるためにここを訪れるようになったのである。

クリやクルミなど樹木になるナッツ類は年によって生産量に大きな変動があるのに対して、ヒシは子孫を残すためには毎年実を確実に結実させなければならない一年生の草本植物である。しかも、湖面に密集して繁殖しているために採集は容易である。

図1　鳥浜遺跡

ヒシの実は冬を間近に迎えた人びとが、毎年安定して得ることのできる頼りになる植物であった。ヒシの実を取ることは、最近までおこなわれていたが、淡水性の植物であるヒシは、三方五湖のなかでも一番奥にあり、汽水のほとんど入らない三方湖に多かったということである。それよりさらに奥まった鳥浜湖はヒシの繁殖地としてさらに条件の良い湖であっただろう。

当時の鳥浜は、おもにヒシの実を採集するキャンプとして使われた。人びとは、ナッツ採集の季節が過ぎると再び移動してしまったが、その行先がどこであったのか、何の手掛かりも残していない。キャンプは湖岸にまで迫っていたブナ林のなかに簡単な小屋掛けをして短い期間を過ごすだけのものであったらしく、遺跡には彼らが食べたヒシ、クルミ、クリの殻が多量に含まれるほかは、縄文前期の堆積層に見られるような植生に対する強い人的影響の痕跡は見られない。

　このとき以来、鳥浜は、ヒシが豊かに実る場所として人から人へと伝えられ、湖が紅葉の山やまに包まれようとするころに、きまってキャンプの煙の立ちのぼる場所となったのである。その後、気候の温暖化にともなってブナの林はしだいに北へ、あるいは山の上に移動し、かわって照葉樹の薄暗い森がこのあたり一帯に広がったころ、人びとは、ナッツ採集キャンプであった鳥浜の地に村を作って生活するようになった。それは、今からおよそ六〇〇〇年前、縄文時代前期のことであった。

　今日のわれわれが羽鳥下層Ⅱ式[1]と分類している土器を作った人たちは、瀬戸内を中心に、関西一円に住んでいた。土器の文様はしだいに変化して、やがて京都市北白川小倉町遺跡で最初に見つかった北白川下層式土器へと変わったが、この土器もまた関西を中心にして広く分布している。鳥浜村は、このような土器製作の伝統を受け継ぐ一つの村となったのである。

同じ文様の土器作りが広がる背景は必ずしも明らかではないが、この地域一帯に、言語や生活様式、あるいは価値観を共有し、人びとがたがいに交流し合えた地域圏が存在していたと考えなければならない。村人の使った石器の材料は、この土地でも得られるチャートのほかに大阪と奈良との県境にある二上山や、島根県隠岐から運ばれたものであったことが、石材の分析から明らかにされている。石材や人の交流を通じて、鳥浜村の存在は、遠く広い地域の人びとにまで知られていたことであろう。

2　照葉樹の森の中に開けた空間

鳥浜村は、ヒシが実り、フナやウナギやコイがすむ、豊かで波の静かな湖に面している。村人の生活がこの湖の動植物資源に大きく依存していたことは、彼らが捨てたゴミのなかに、コイ科の魚骨やヒシの実のこわれた殻が多量に入っていることがはっきりと示している。村人は、時には海に出かけてマグロやカツオ、サザエなどの海の幸を手に入れていた。

湖を囲む急な傾斜の山やまは、照葉樹の深い森が生い茂り、シカやイノシシ、サルが行き来していた。ただ一ヵ所、村の周囲には、人びとが薪や建築材を得るために、森を切り倒してできた明るい開けた空間があった。ここでは、カナムグラやヤブジラミ、アカメガシワ、タデ科、シソ科などの草本植物や二次林の植物が生長していたし、クリやクルミ、サンショウなどもはえていた。

遠くインドや中国から、人から人へと運ばれたヒョウタンやリョクトウ、あるいは今日も私たちが山菜として利用するフキやウド、ワラビ、ミツバなどの植物も、この明るい場所で生長することができたのである。

野山を一面に覆いつくした照葉樹林の森のなかにぽつんとあいた、この空間のなかで、人と植物とは、移動生活をしていたそれまでの人類が経験したことのない新しい関係を作りつつあった。人びとは、村の周囲に集まってきたこれらの植物に囲まれて毎日生活し、それらの植物の性質をしだいに熟知し、生活のために大いに利用したのである。もっとも、村人は、これら人里の植物だけでなく、村の外の森に落ちるシイの実などもさかんに利用していた。

鳥浜村の人びとは、湖や海、野山や里の多様な環境のなかに得られる多様な資源に支えられて、いわば「タコ足的」な生業活動によって生きる人たちであった。このような生業活動が、箱庭的といわれる日本の地理的景観と深くかかわっていることは言うまでもないだろう。

3　鳥浜村の生活カレンダー

季節のあり方は緯度によって大きく異なる。低緯度の熱帯降雨林帯では季節の変化はほとんどなく、狩猟採集民の生活も一年中同じ調子でおこなわれる。一方、激しいコントラストを示す冬と夏が一年を二分する高緯度地域では、たとえばイヌイットのように、家の作り方や、衣服、交通手段、頼る食料資源の異なった二種類の生活を用意しなければならない。

植物たちも、暖かくなると一斉に活動を開始し、冬の直前まで盛んに光合成をおこなって種子を作る。ここでは、中緯度地帯の植物のように、ゆっくりと移りゆく春や秋を演出している時間的な余裕はないのである。

日本列島の位置する中緯度では、温暖で過ごしやすい季節と寒い冬とが交替する。冬はそれほど長くもないために、リスやクマやサルやイノシシなどの獣たちは、冬が来るまでに木の実や皮下脂肪を蓄えてはずみをつけ、この短い冬を飛び越えてしまう。蓄え、冬眠することは、中緯度に生きる動物たちの知恵である。

縄文文化は、寒かった氷河期の高緯度的な環境に代わり、一年が四つの季節で区分される中緯度の森の成立とともに出現した。動物も植物も四季に応じて生活を変える。人びともまた、このリズムに合わせて一年の活動を組み立てるであろう。鳥浜村の人たちの生活カレンダーを見てみよう。

鳥浜貝塚から出土するシカやイノシシの下顎骨を小さな個体から大きな個体まで順に並べると、歯の萌出段階の異なったいくつかのグループに区分することができる。重要なことは、それぞれの段階が不連続であり、中間段階を示す個体のないことである。もしも年間を通じて狩猟がおこなわれていたのなら、捕獲された動物の大きさは連続的な変化を示すはずである。したがって狩猟は限られた季節の活動であったと考えなければならない。

歯の萌出の状態や、セメント質に現われる成長線の観察から、彼らの狩猟が冬を中心にした活動であったことを知ることができた。秋から冬の獣は脂肪を蓄えて美味であり、下草が枯れ、雪が降れば追跡が容易であり、あるいは冬には暖かい低地に獣が降りてくるといった動植物の季節的条件は、村人の生活カレンダーのなかに、きちんと組み込まれていたのである。

クリやクルミ、シイ、ヒシなどのナッツ類は、いずれも秋の短い期間に集中して落下する。米を作るお百姓にとって、「秋」は単に季節を示す言葉でなく、多忙な収穫期の気分の高揚した雰囲気のすべてを表現しているように、冬を目前にした鳥浜村の人たちにも、冬を意識しつつ、ナッツの採集と保存に忙しく働く「秋」があった。実際、遺跡から出土するナッツ類の量は、秋の短い熟果期にだけ消費されたとするにはあまりにも多すぎる量であった。

男は冬にシカやイノシシを追い、カワウソやテンなど毛皮獣のワナをしかけるが、どんなに優れた猟師であっても狩猟によって毎日安定して獲物を持ち帰るのは困難であろう。たとえ獲物のない日が数日間続いたとしても、ナッツを蓄えた村人は飢えを心配することはなかったであろう。鳥浜村の人たちは、湖のヒシ、野山のシイ、人里にはえたクリやクルミなど、いろいろな環境にできるナッツ類を冬の重要な保存食料としていたが、必要とするだけの食料を毎年確実に集めるためには、ちがった場所にはえる多くの種類のナッツを利用して、危険を分散することが必要であったにちがいない。

中緯度の獣たちがそうであったように、秋に蓄え、冬を飛び越した鳥浜村の人びとは、湖の水がぬるみ、ヤマトシジミやカワニナが太り、魚類の活動が盛んになると、湖に網をかけ、貝を取り、フキやミツバを摘む。湖は、春から秋までの暖かい季節に動物性タンパク質をもたらす場として、村人になくてはならない場所であった。

4 男の仕事と女の仕事

遺跡からは、網の錘《おもり》に使われた石錘《せきすい》が出土するが、未だに浮きが出土していない。網は、浅い湖に立てた棒にでもひっかけて刺網か、あるいは魞《えり》のような構造に仕立てられていたのであろうか。このような、網にかかった魚は、子どもや女性でも集めることができるし、それに費やす時間はわずかですむ。

春から秋にかけて、魚は活発に動きまわって網に入ってくれる。この季節は、女性の働きだけで、植物性の食料も、動物性のタンパク質もともに得ることができるのである。一般に、移動生活を送る熱帯の狩猟採集民は、男性の狩猟活動と女性の採集活動を組み合わせることによって、安定した食料の供給と動物性タンパク質の獲得の両方を満たしている。しかし、鳥浜村では、網漁があることによって、男性は年中の狩猟活動から解放され、強い季節風と寒さのなかで湖の漁が期待できない冬にのみ、男性は獣を追い肉を持ち帰るのである。

したがって暖かい季節の男性の労働力は、季節の変化に耐えられる丈夫な家を建て、舟を作り、石器の材料となる石材などの交易に出かけたり、あるいは冬にそなえて薪を伐採するなど、定住的な村の生活を営むためのさまざまな活動に向けることができたにちがいない。

しかし、この時に男性がおこなう活動は、男性にしかできないもの、すなわち、狩をする時と同じ程度の興奮をもたらし、また相当の体力や技量の要求されるものとみんなが認める活動であったにちがいない。近世アイヌの男たちもそうであったように、男性に時間的余裕ができたからといって女性の仕事を手伝うことにはならないだろう。

鳥浜村の人びとがおこなっている活動は、狩猟や採集、建築、舟作り、網作り、着物や土器や石器の製作、料理や医療活動、あるいは歌を歌ったり踊りを踊ったりと、非常に多くの内容を含んでいたにちがいなく、これらの活動に要求される体力や熟練の程度、資質の幅は非常に広い。これらのさまざまな活動を、せいぜい五、六戸からなる村の人びとですべておこなっていたのである。

性や年齢にもとづいた分業は、このような小さな社会が、多様な活動をおこなう上できわめて重要な要件であった。男性が女性の領域に入り込み、女性が男性の領域に立ち入ることは、このような社会の秩序に危機的状況をもたらすことになるであろう。

日ざしの照りつける夏に、男たちは村から一〇キロメートルほどはなれた海に行き、マグロやカツオ、タイなどを獲っている。湖の魚の味がいちばん落ちるこの季節に、とびきりうまい大きな海の魚を持ち帰るのである。潮風の吹く海で大物をねらう漁は男たちの好奇心を十分満足させたことだろう。大型の魚類や、サザエやレイシなど海で獲れる魚貝類の骨や殻の出土量は、湖でとれる小型魚類やヤマトシジミ、カワニナなどの貝にくらべるとわずかであり、経済的な比重は大きくはない。しかし、それゆえにこそ、むしろ純粋に彼らの味覚に対する執着心や海の漁の興奮を物語ってくれるのである。

5 自然のリズムと一体の生活

村人の持っている道具は簡単なものであったが、家族や村人のそれぞれが、持っている力を出し合いさえすれば、生きていくのに十分な食料を得ることができた。村人は、派手ではないがきれいな装身具で身を飾り、土器の製作には持てる創造力を大いに注ぎ込むことができた。

彼らは、季節によって変わる動植物の生活のリズムと一体となって変化してゆく自分たちの生活が、豊かな自然の恵みによるものであることを知っていたにちがいなく、折にふれ恵みを願い、また感謝の気持を表現していたであろう。大切な行事をおこなう時には、あの赤い漆を塗った立派なお盆が人びとの目の前にしずしずと運ばれたことだろう。

鳥浜村の生活は、およそ五〇〇〇年のあいだ続いていたが、この間村人の生活はほとんど変化を示さない。それどころか、およそ九〇〇〇年前の縄文時代の村生活の始まりから、弥生時代にいたる六〇〇〇〜七〇〇〇年もの長い間にさえ、彼らの使った道具や、食べ物や、生業活動の基本的な構造に、それほど大きなちがいを見ることはできないのである。村の生活を営み、しかも豊かな物質文化を持つことのできた縄文時代の人びとが、このように長い年月、変わることのない生活を続けることができたのはなぜなのだろう。人びとは、よほど安定した精神構造を持ち続けていたにちがいない。

鳥浜村の生活は、村をとりまく環境と調和しており、人びとは野山や湖や海を熟知し、この限られた空間に生きるシカやヒシやクリやその他、もろもろの動植物と鼻をつき合わせて生きていた。しかし村人は、夏にイノシシの姿を見かけたとしても、それは矢を射かける相手ではなく、ともにこの空間に生きる隣人として扱っていたのである。おそらくイノシシやシカに対してだけでなく、サルや貝や魚やシイの木やクリの木に対しても、湖や山や海、川に対してもそれぞれに彼らなりのきまった態度、多くの場合はともにあり、ともに生きてゆくものとしての態度を持っていたことだろう。

これまでのところ、鳥浜貝塚から出土する獣のなかに、キツネとウサギの骨が見つかっていない。キツネやウサギがいなかったとも考えられるのであるが、何か一つぐらい、村人も触れてはならない相手がいたのではないかと想像をめぐらすとき、彼らは恰好の動物として登場してくれるのである。

必要な時にしか殺していないということが示す強い自制心は、必要な時には必ず獲れるという確信を持つ者にのみゆるされる態度であろう。その相手が同じく自然界の諸現象にたよって生きる獣や植物であるからには、必ず得られることを確認するために、人はこの世の人間や植物や獣たちとだけでなく、この世界を意のままに支配できる超自然の力との絶えざる深い会話のなかで、その保証を得なければならないだろう。

村人は、そのなかで、自然と超自然とに対して自分のとる態度を説明し続け、約束したとおりにおこなうことによって、超自然は村人への約束をはたす義務を負うのである。この世界のあらゆる場所や生命と、それを動かす力は、会話できる相手であり、意識を持った存在だったのである。村人は、すべてを包み込むこのような世界のなかで自分のとるべき態度を保っていたのであろう。それは生きていくために決してゆらいではならないものであった。人びとをとりまく木や獣は隣人であるとともに、超自然への密告者でもあり、むやみに伐り、殺す相手ではなかった。

季節が与えてくれる食べ物を、次つぎと利用する村人の生活は、それぞれの資源を保護するという結果をもたらすことにもなるであろう。彼らが信頼をよせ、会話をし続けた自然界は、それゆえに何百年、あるいは何千年もの間、人びとの眼の前に同じ姿のままに存在し続けることができたのである。彼らの精神世界もまた変わることなく在り続けることができたであろう。

6　今日につながる縄文時代の食事文化

村人は、季節の変化を味覚の変化として印象に刻みつけた。春には、ほろ苦いフキやウド、湖の魚や貝がなければならない。夏にはサザエのあの複雑な味がなくてはならないし、マグロを口いっぱいほおばりたい。クリやシイの実、多くの種類の果物やキノコ、ヤマイモや球根が秋を告げる。冬に、女たちは活動をやめて家にこもり、男たちが持ち帰る脂ののった肉が、寒気のなかの人びとを暖める。ワナ猟で獲れるカワウソやテンの毛皮は、肉を煮る土ナベのそばで女たちが腕をふるって暖かい衣服に仕上げることだろう。

多様な食料を利用する「タコ足」的な生業活動は季節によって配置され、季節の味をもたらす。このような食事に親しんでいた人びとは、しだいに季節によって変化する味覚のスペクトルを充実させていった。ここで賞味されるのは、季節がもたらす味の変化であり、調理は最低限におさえられ、食品自体が持っている微妙な味がそのまま生かされたであろう。形がくずれるほど煮込んだり、カラ揚げにしたり、強い香辛料を使って調理したりすることは、縄文時代の人びとのするところではあるまい。年中同じ物を食べ続けることも、彼らの望むところではなかったにちがいない。

これに対して、二、三種類の限られた食料に強く依存する農耕民や牧畜民の生活は、縄文時代の生業を「タコ足的」と表現するならば「一本足的」生業と呼ぶにふさわしい。このような生活様式は年中同じ食べ物で生活するという方向へ向かうことから発達したことは明らかである。とすれば、縄文時代の人びとは、それとは全く逆の方向を目ざした人びとであったと言わなければならない。縄文時代の人にとって、保存されたナッツは冬を越すためのものであり、春になって新鮮な山菜や魚や貝が手に入ればもう食料としての役目を失うのである。

すでに、縄文前期の鳥浜村の人たちは、リョクトウやヒョウタンを栽培することを知っていた。村の周囲にはえていたクリの木を増やすにはどうすればよいかということも知っていたにちがいない。しかし彼らの「しゅん」の味覚を求める食事文化は、これらの植物を大規模に栽培しようとする動機を与えるものではなかった。箱庭的な地形をもち、中緯度の四季があり、豊かな森林におおわれた日本列島で育った縄文文化は、栽培への依存を深めて農耕民となることを拒否し続けたのである。

弥生時代になってやって来た、水田耕作民が、どのような食事文化をたずさえて来たのか、あるいは、それが、縄文時代の食事文化とどう折り合ったのか、興味のある問題である。しかし、いずれにせよ縄文時代の人びとが何千年にもわたって作り上げ、守り続けた味覚の世界が、農耕民となった後の日本の食事文化に大きな影響を与え続けていることは確かであろう。

第七章　「ゴミ」が語る縄文の生活

1　先史時代は裏口から

物事には裏と表があるとは、よく言われることであるが、われわれが調査している縄文時代の鳥浜貝塚に残された遺物の数かずも、どちらかと言えば、むしろ人間の生活の裏側に置かれたものである。かつての鳥浜に暮らした人びとは、ほんとうに深い大自然のたたずまいのなかで、食べ物や、衣服や道具、家、必要なもののほとんど一切を、材料を集めることから、加工し、利用し、消費するまで、すべてを自らの手でおこなっていた。だが、鳥浜貝塚にぎっしり詰め込まれたように埋まっているシカやイノシシ、魚の骨、クルミやクリの実の殻、貝殻、あるいは壊れた土器、木の器、木屑などのすべては、人びとが食べ、使い、消費して、すでに彼らの社会においての役割を果たし終え、捨てられ、忘れさられたものである。

あらゆる生き物は、必要な物質とエネルギーを吸収し、そして不要になったさまざまな物質を外に排出して生命を保っており、生産と消費、廃棄物、排泄物が、いわば表裏の関係をなしている。とはいえ、われわれは、廃棄や排泄といったことがらについては、生産や消費といった表の側面を語るほどに多くの言葉を用意していないように思う。

この裏面に置かれた側面も、生命や社会や歴史において大きな力を発揮する。排泄器官の不調が命を奪うし、青丹《あおに》よしと謳われた奈良の都は、そこを流れる河川が小さく、都人の出す廃棄物を押し流すに十分な力を発揮しなかったことが廃都の理由であったともされている。さらにまた、愛や信頼で結ばれた社会も、憎悪や妬みや不信によって、もろくも破壊される。先史時代の研究は、いわば裏としての遺物から表にあるものを読みとることから始まるのであろう。

2　縄文のイメージ

日本の各地で、すでに二万ヵ所以上が知られている縄文時代の遺跡のなかで、鳥浜貝塚の発掘が人びとのつよい関心をあつめたのは、漆塗りの櫛や盆、丸木舟、弓、斧の木柄、籠、糸など、草や樹木を材料にして作られた道具の数々が、数千年の時間を感じさせないほどに生なましく現われたところに大きな理由があるだろう。木で作られた道具の感触は、現代のわれわれの手にもぬくもりを与える。鳥浜貝塚の遺物は、そのような感触を通じて、はるかな過去への想像を激しくかきたてる。

これらの道具が、虫にもかびにも冒されず、長く形を保ってきたのは、微妙な偶然が重なってのことである。鳥浜貝塚を残した人たちは、当時このあたりまで広がっていた静かな湖の岸辺に住み、湖の魚やヒシの実、野山の木の実やシカやイノシシを糧《かて》にしていたが、生活することから生じるさまざまな廃棄物を、岸から近い湖中に投棄して処理していた。湖底に沈んだ堆積物は、大気からも湖水の循環からも遮断され、虫や微生物も活動できない無酸素状態の、偶然が用意したタイムカプセルにとじ込められたのである。

縄文時代の遺物として、土器や石器などの、無機物からなる物はどこの遺跡においてもよく保存されている。むろん、この時代の道具の多くが木や繊維で作られたことは誰もが予想していたことではあるが、入念に仕上げられたそれらの大量の道具が目前に現われたとき、縄文時代についてのわれわれのイメージは広がるとともに、大きく変えられたのも当然のことである。はやい話が、漆を塗ったあの赤い櫛は、髪をのばし放題にした原始時代の人物像を一瞬のうちに打ち壊してしまったし、その人が湖に漕ぎでる舟は、流線型デザインの自動車、さしずめ117クーペを思わせる流れるような姿であった。

3　イメージから分析

だがしかし、鳥浜貝塚が保存してきた有機質遺物が時代を越えて運ぶ縄文時代からのメッセージには、このようにわれわれの感性に直接うったえるものばかりではなく、苦労の多い手続きをふんで、やっとその意味を解読しうるものも多い。食料にされた獣や魚の骨、貝や木の実の殻、あるいは周辺にはえていた植物から落ちた種子や花粉など、それ自体はほとんど何も主張しない目立たない遺物のなかに隠された情報である。そこからは資源や経済について知ることができる。はたして、われわれの感性に直接語りかけてきた新たなメッセージは、まさにゴミ箱的な目立たない遺物が語るメッセージからも矛盾なく理解しうるのだろうか。

縄文時代にも栽培による食料生産があったのではないかと予想する、いわゆる縄文農耕論をめぐる長い論議があったが、それとても、予想されたのは縄文中期以後のことであり、その舞台にされたのは、縄文時代の最も豪華といわれる土器が作られ、多くの集落が密集していた中部地方である。

鳥浜貝塚のヒョウタンは、食料資源ではないとはいえ、栽培を暗示することでは、きわめて重要な意味を持っている。それが、予期されたよりもさらに古い時代の、しかも遺跡の密度が低く、豪華な土器も作らず、縄文時代の後進地帯であるかのようにいわれてきた西日本の遺跡から出土したのである。もっとも私は、鳥浜からも出土し、縄文前期の関西から中国地方の広い地域に分布する北白川系の、きゃしゃではあるが洗練された土器のほうが、岡本太郎氏が絶賛する、ただ力強いばかりにしか思えない豪華な土器より好きである。

昭和五〇年の発掘でヒョウタンが出土したとき、何かのまちがいだと言った人がいたというのも、ほんの数年前のこととはいえ、これがいかに予想外の出来事であったかを示している。縄文時代は、栽培の技術を知らない狩猟採集の時代であるということれまでの理解は修正しなければならない。とは言っても、鳥浜貝塚には、ヒシやシイ、シカやイノシシ、魚、貝などの遺物が多量に捨てられており、やはり狩猟や採集、漁撈が、生活を支えた重要な活動であったこともまた確かである。

彼らは栽培もしたが、それに専門化した農耕民でもなかった。ごく率直に表現すれば、彼らは狩猟採集漁撈栽培民ということになるだろう。われわれは、人類の歴史を、狩猟採集から食料生産へとか、あるいはさまざまな民族を狩猟採集民や農耕民、漁撈民といったように区分することに慣れているが、鳥浜貝塚のゴミが語る縄文時代の生活は、そういった紋切型の区分では把握できない微妙な状況にあるらしい。人類史の大きな流れのなかで縄文時代を眺めれば、この時代は、狩猟採集社会から農耕社会へと移行するそのゆらぎの最中にあるのだろう。

鳥浜貝塚が提起してきた課題は、縄文時代の評価にかかわるものであり、鳥浜貝塚が、そのすべてに答えてくれるものではないにしても、課題を提起した遺跡においてこそ、理解の糸口を探っておかなくてはならない。

4　生活の変化

前章で、われわれは、鳥浜における縄文人の生活について、大まかなスケッチを描いている。鳥浜に人が現われるのは、一万年前よりまだ古く、氷河期の寒冷気候が支配していた縄文時代の草創期のことである。この時期から鳥浜に、土器や石器、あるいは食料のカスが捨てられた。しかし、その後の縄文前期の堆積層には、多種類で、しかも多量の道具や食料カスが捨てられたのと比べれば、この時期の鳥浜には、いかにも人の気配が薄い。それぞれの時期における遺物のあり方は、鳥浜だけのことではなく、多くの遺跡においても普通に見られる傾向である。

鳥浜貝塚には、日本列島に初めて土器が現われたこの時期から、およそ六〇〇〇年前の縄文前期にかけて、六〇〇〇年間ほどにもわたる生活の痕跡をたどれるが、遺物や食料残滓《ざんし》の捨てられ方に、二つの相が認められた。捨てられたゴミの違いは、生活の違いを反映しているに違いなく、この間に日本列島の生活は大きく変化したのである。

若狭歴史民俗資料館の畠中清隆は、興味深い分析をおこなった。さまざまな時期の堆積層から出土したクルミの殻を観察して、人が打ち割った殻と、ネズミの喰い跡の残る殻を数えあげたのである。その結果、縄文前期のクルミにはネズミの食べた殻はほとんどないのに、草創期にはその比率がはるかに高かった。人の気配の少ない時期には、ネズミは熟して落ちたクルミを食べることができたが、縄文前期になると、ネズミが食べる前に、人がせっせと集めてしまったのだ、と解釈できる。

ネズミには気の毒なことになったわけであるが、しかし、彼らも負けてはいない。ネズミはおそらくこの時以来、人の集めた食料の一部は自分のものだとねばり強く主張し続けているのである。

いずれにせよ、鳥浜における人の生活の変化は、周辺の動物にも影響した。さらに、生活の変化は当時の遺跡周辺に生えていた植物環境を変化させたことを、出土する種子の分析から読みとることができる。

私が粉川昭平大阪市立大学教授に助けられておこない、あるいは笠原安夫岡山大学名誉教授がおこなった詳細な分析の結果から、縄文前期の堆積層には、カナムグラ、サナエタデやギシギシなどのタデ科植物、カヤツリグサ科、イヌホオズキ、あるいはイヌザンショウなどの、明るい開けた場所に好んではえる植物の種子が、草創期の堆積層よりも多種類、高密度で含まれることがわかった。これらの植物は、樹木の茂った森の中にはえることはないが、住居や畑、道路の周辺にはどこにでも見られる植物で、人里植物、あるいは陽生植物などとよばれている。

それとは反対に、薄暗い環境でも生長できる森の中に多い植物がある。ブナの木はそのような性質を持つ代表的な森林性樹木であるが、ブナの木から落ちた多量の堅果が草創期の堆積層から出土するのである。

観察されたこれら一連の現象は、草創期における鳥浜のキャンプ地的な利用から、前期における定住的な村生活への変化にともなって生じたものと解釈できる。人がたまにしか訪れない時期の鳥浜には、ブナやクルミの深い森が湖の近くにまでせまっていたが、人がここに住みつくにしたがって、付近の森はしだいに切り倒されて、開けた明るい場所が生じたのである。村をとりまくこの場所が、じつに意味深長なのだ。

5 人間と植物

そこには多くの人里植物が繁茂したが、ヒョウタンやシソなど、外来の有用植物が生育できるのも、またこのような場所に限られる。また、われわれが育てる栽培植物のほとんどすべてが、明るい場所に生える性質を持ったものばかりである。このことからすれば、人里植物が繁茂できる場所が現われることと、これら外来の有用植物が生育できる環境を用意することとは、じつは根は一つである。

ヒョウタンのほかにも、リョクトウ、シソ、エゴマ、ゴボウ、アサ、カジノキなどの外来植物がすでに確認されているし、輸入されたウルシの木も生長していたにちがいない。エゴマの実は食用にもするが、その油は漆の溶剤にも使われる。アサやカジノキからは繊維がとれる。鳥浜貝塚から出土した糸や紐の材料が、アサの繊維にそっくりだという布目順郎京都工芸繊維大学名誉教授の研究結果を最初に聞いたとき、貝塚調査メンバーは皆何となく口ごもってしまったものであるが、誰よりも先生自身が困られていたようである。アサ糸の可能性は思いもしないことだった。しかし、幸運なことに、まもなくアサの種子が笠原先生の分析からも検出されて、めでたく一件落着した。

6　採集から栽培へ

縄文前期の鳥浜には外来の有用植物が生育しており、村人はそれを利用していた。ただこれだけのことを見たならば、有用植物を育てる技術が植物とともに日本にもたらされたのだと理解することができる。しかしその前に、はたして、彼らが育てたのは外来の有用植物だけだろうかという疑問が残る。人里の近くにはえる有用植物は、なにも外来の植物だけではないだろう。

われわれが山菜として利用する、フキ、ワラビ、ウド、イタドリ、ミツバ、サンショウ、タラ、ノビル、あるいはデンプンを含んだヤマイモ、そしてクリやクルミなどは、いずれも明るい開けた場所に好んで生える植物である。これら在来の有用植物もまた縄文集落の周辺に高い密度で生えていたのではなかろうか。クリについては、この予想を支持する資料が得られている。

縄文時代の前期には照葉樹林が西日本の低地を覆っていたが、鳥浜の人びとは、クリの実を多量に消費していた。しかし、たとえば、広大な伊勢神宮の薄暗い照葉樹の森には、まったくといってよいほどクリの木ははえていない。照葉樹の深い森にクリの木が生長することはないのである。したがって、鳥浜のクリの木は、照葉樹林を伐採してできた、人里植物の生える村の周囲の明るい場所に生えていたとしか理解できない。またクリの木は薪にもされたらしく、燃えかすであるクリの炭化材が出土している。林の周辺のクリ林は、また薪を供給するところでもあったのだ。

縄文前期の鳥浜貝塚の周囲にひろがる開けた場所には、外来および在来の有用人里植物と、そしてカナムグラのように、おそらく何の使い道もなかっただろう人里植物が集中して生えていたことになる。

村人は集落のそばに生えた植物を毎日のように見ていたし、生長や性質についてよりも多く知ることになるだろう。食べられるか否か、味や歯ざわり、あるいは、薬になるか、繊維がとれるか、遊びに使えるか、村人は身近に生えた植物をさまざまに試したにちがいない。われわれが有用植物としているものは、結局、そのような歴史をへて、選択されたものである。そして、この選にもれた植物は、役にも立たないただの植物として、村人の関心を引くこともなかっただろう。

集落のそばにはえる、いわば村人の手の内にある植物は、村人の要求にしたがってランクづけされる。役に立たない植物が収穫を期待していたヒョウタンやアサ、クリ、フキなどを覆いつくせば、彼らはこれを雑草として引き抜くだろうし、役立つ植物は踏みつけたり、伐採したりしない、といったことも予想しなければならない。かくて、集落の付近には、村人が高い価値を認めた一群の植物がますます多く、しかも豊かに生長するだろう。

さて、鳥浜から出土した植物種子から出発して、その表にひそむ人と植物の相互関係を推理してくると、すでに栽培の出現過程そのものを説明していることに気がつかれるであろう。縄文前期の鳥浜のクリは、ここに定住していた村人の活動の結果として生長したものであり、村人は、そのクリを収穫していたのである。生物学では共生と呼ぶ、このような関係こそ栽培の本質である。

7　渡来から自生へ

縄文前期には、外来の有用植物とともに栽培や利用の技術も渡来したことだろう。

したがって、クリ栽培がそれに刺激されて始まったと解釈することもできる。しかし、ここで述べたように、クリ栽培の出現した過程は、日本の外からの影響を考慮することなく説明可能であり、この場合には、キャンプ生活から定住生活への変化が栽培化を促進させた最も重要な要因であった。

栽培植物や技術の渡来があったとしても、それを受け入れるには、すでに定住していなければならないし、そして、もしも定住生活があったのなら、すでに在来の人里植物について栽培といえる状態が出現していた可能性が高いのである。外来の有用植物の渡来は、すでに存在していた縄文時代の栽培に、有用植物をさらに加えたであろうが、栽培、あるいは栽培を可能にさせた定住的な生活様式までが渡来してきたとは考えにくいことである。

キャンプを次つぎと移動させる遊動生活は、人類が出現して以来、あるいはそれ以前の時代から、数百万年以上にもわたって続いてきた暮らし方の伝統であった。遊動する生活にはそれなりの、多くの優れた利点があったからに他ならない。そういった暮らし方の基本的スタイルは、外来の栽培植物を導入するように、たやすく伝播してくるものではない。

栽培や農耕の起源を探ることは、考古学や人類学、歴史学、農学における古くて新しい大きな課題であるが、残念なことに、すでに一〇〇年の歴史がある縄文時代の研究が、その理解に貢献したことはただの一度もなかった。鳥浜貝塚は、遠い祖先が作った素敵な道具とともに、日本における縄文時代の研究によっても、人類史上の大テーマについて発言しうる視野と勇気を与えてくれたようである。

第八章　縄文時代の人間‐植物関係――食料生産の出現過程

植物性食料の獲得活動は、一般に採集と栽培とに区別されるが、その基準は必ずしも明確にされているわけではない。具体的な活動を見ることのできる民族学的研究においてはともかく、断片的な先史学的資料にもとづいて、食料生産の出現過程を明らかにしようとする場合には、この問題を放置しておくことはできない。大山柏以来、縄文時代の農耕の有無について、未だに見解が分かれており、縄文時代研究の大きな足枷《あしかせ》となっているが、その原因の一端は、農耕の意味するところについて、一致した理解を持ちえなかったことにもあるだろう。

人間は、さまざまな状況で植物世界と関係する。この関係の全体を人間‐植物関係としてとらえるならば、この関係は、人間の行動様式の特異性にもとづいて、特異な歴史を展開することになるであろう。栽培や農耕は、このような歴史の産み出したものと考えなければならない。そこで、人間‐植物関係に特異性を与えてきた行動様式とは何であるのかを把握することが重要である。ここでは、まず、現在の日本の農村に見られる人間－植物関係について、この関係を成立させている人間の行動様式と、それに反応して成立している村の周囲の植生について分析する。人間－植物関係を人間と植物世界の間の生態学的関係と見ることによって、採集、栽培、農耕などの活動を、行動様式と植生との関係から位置づけようとするのである。

ここで明らかになった人間－植物関係の諸特性は、人間－植物関係の歴史的理解をおこなうための枠組を提供するであろう。これは、あたかも、古生物の生活や進化史の理解に、現生動物の理解が不可欠であることと同じである。

食料生産の出現についての多くの仮説は、その契機となった事象として、気候変動や、文化の進化、植物の人為的移動、多角的採集経済、人口圧などをあげている(1)。しかし、人間－植物関係は、環境条件、植物社会、植物の性質、技術、生業活動、居住様式、価値体系など、文化をめぐるさまざまな状況と深くかかわるものであり、たとえこれらの契機が重要な役割をはたしたとしても、それをあげるだけでこの過程の十分な説明になるとは言い難い。すでに、多方面の分野にわたって豊富な研究が蓄積されている縄文時代は、この過程を明らかにする上で、きわめて重要な舞台となるであろう。

1　向笠における人間‐植物関係

福井県三方郡三方町（現若狭町）向笠は、背後の山地から流れる高瀬川が、三方盆地の沖積平野にさしかかる出口にあり、戸数約一〇〇戸、村の前面に広い水田を持った、ごく普通に見られる農村である。第六章でも触れたが、この川を約二キロメートル下ったところに、この研究において重要な役割をはたした鳥浜貝塚が位置している。この村での人間‐植物関係を、植生に対する人的影響、植生、空間的構造などに注目して概観したい。

村の中心にある国津神社の境内には、胸高直径一・五メートルの巨木を交えた、ケヤキ、シイ、タブノキ、スギ、イチョウなどからなる森が聳《そび》え立っており、樹種構成は異なるとしても、かつての日本を覆っていた原始の森の圧倒的な迫力を見せつけている。ここ以外の植生は、山の二次林にしても、果樹園や水田、畑にしても、植物は細く、低く、きゃしゃであり、切り倒すにしろ、刈るにしろ、手頃で従順な印象しか与えない。原始の森が、人間の絶えざる活動によって改変された結果である。

水田では、人間の関与が最も高度におこなわれる。傾斜地は水平で平坦な地形に変えられ、水の供給を調節できる灌漑設備を備えている。代掻《しろか》き直後の〝たんぼ〟に、ある程度生長したイネの苗を植えることにより、イネは雑草との生長競争に有利なスタートラインが与えられ、遅れて生長を開始する雑草も数度の除草によって取り除かれ、かくして、ほとんどイネだけからなる単純な植生が出現するのである。イネ自体も遺伝的諸性質を大きく変えており、一〇品種ほどが栽培されている。

水田耕作は、向笠における最も重要な生産活動であり、生産されたコメの多くが商品として出荷される。水田は、主に家族労働で管理されるが、ユイ関係による家族をこえた共同労働がおこなわれることもあり、灌漑水路はこの集落を単位として管理されている。水田耕作は、向笠における人間－植物関係の一方の極であり、われわれが農耕という言葉から連想する活動そのものである（表1）。

村の背後の山すそに、一部の家族が経営するウメ、クリの果樹園が見られる。果樹園の管理は家族単位でおこなわれ、家族をこえた協同労働の習慣はない。果樹園の大部分は、かつて水田であった場所にあるため、平坦な地形となっているが、本来そのような必要のないことは、果樹園が傾斜地にも広がっていることから明らかであり、人工的な水の供給もおこなわれない。ウメやクリの木は、ここでは整然と植えられているが、林床には多種類の草本植物が見られ、除草の程度は、水田ほど集約的でな

表1　向笠における人間－植物関係

呼称	たんぼ	果樹園	はたけ	〔畑，人家の周辺〕	〔村周辺の二次林〕	〔お寺の森，三方湖〕
地形	人工地形	自然地形	（？）	（？）	自然地形	自然地形
植生	人工植生	人工植生	人工植生	人工植生 二次植生	二次植生	一次植生
管理技術						
有用植物の保護	────	────	────	────	────	────
収穫	────	────	────	────	────	────
森林伐採	────	────	────	────	────	
除草	────	────	────	---------		
播種・移植	────	────	────	---------		
施肥	────	────	────	---------		
品種改良	────	────	────	---------		
灌漑	────					
対象植物	イネ	ウメ，クリ	サトイモ，ナス，ダイコン，キウリ，ニンジン，ネギ，アズキ，ダイズ，シソ，ツクリブキ，他	クリ，カキ，スモモ，イチジク，サンショウ，シソ，ミツバ，ノラブキ	クリ，ヤマイモ，ワラビ，ゼンマイ，ノラブキ	シイ，ヒシ
経済	商品 自家消費	商品 自家消費	自家消費	自家消費	自家消費	商品 自家消費
管理者，組織	村，ユイ，家族	家族	主婦			

い。

　ここでの生産物も商品として出荷される。水田と果樹園とを比べると、管理の程度や技術に相当大きなちがいが見られるが、しかし、そのちがいの大部分は、一方は一年生草本であるのに対し、他方は多年生樹木であることにも起因するのであろう。

　家屋の集まっている〝ムラウチ〟で、各家族は建物の間の空間に、一〇〇〜二〇〇平方メートル程度の小規模な〝はたけ〟を作っている。ここでの生産物は、もっぱら自家消費にあてられ、播種《はしゅ》、除草、施肥《せひ》、収穫などの作業は、主婦がおこなっている。栽培される植物は、ネギ、ハクサイ、ニンジン、ダイコン、サトイモ、ゴボウ、トウガラシ、スイカ、カボチャ、など多種類であるが、それぞれの品種は一、二種類に限られる。ここで栽培されるフキは〝ツクリブキ〟と呼ばれ、野生している〝ノラブキ〟と区別されているが、両者の生理的、形態的なちがいが、それほど大きいとは思われない。

次に、〝はたけ〟や人家の周辺には、クリ、カキ、サンショウ、イチジク、スモモなどが、一～三本程度、雑然とはえており、ミツバ、シソ、ミョウガ、〝ノラブキ〟などの小さな群落が見られる。〝はたけ〟の作物については「植えた」と答えた村人が、この〝ノラブキ〟については「はえてきた」と答え、「引かないで、おいておいた」ということであった。〝ノラブキ〟は、味が良いということで食用にされている。このような場所は、家や〝はたけ〟のまわりを清掃するという意味で除草されるが、これらの植物の生長を促進する目的での除草はおこなわれず、カキやクリの木の根もとに塵芥を集めておくという意味での施肥がおこなわれる。さらに、このような場所は、「裏庭」、「〝はたけ〟のへり」などと表現されるだけで、固有の呼称を持っていない。

バラン、シュロ、キクなど、食用以外の用途を持った植物も、ここには多く見られる。家やハタケの周囲にはえているクリ、カキ、イチジク、スモモなどは品種改良された栽培型植物であるが、サンショウや〝ノラブキ〟は野生型の植物である。

この村での山菜類の利用は、それほどさかんではないが、〝ノラブキ〟の他に、ワラビ、ゼンマイ、ヤマイモなどが利用されており、野生のクリも、味が良いという理由で利用する人がいる。これらの植物が見られるのは、伐採跡地、道路ぎわ、果樹園の周囲などの明るい林や草地であり、いずれも人的影響を強く受けている場所に生長している。ヤマイモについては、掘ったとき、茎に近いイモの一部を再び埋めておき、数年後のイモの生長を期待することがあり、村の近くにはえた野生のクリの木は切らないでおかれることがあるが、それ以上積極的に管理されることはない。

お寺の裏山に、シイ、サカキ、ツバキなどの常緑広葉樹が密生した林が見られる。樹冠の高さは一〇～一五メートル程度、太い木の直径も四〇センチメートル程度であり、かつて伐採されたことは明らかであるが、アカマツ、コナラ、ウルシなどの多い他の二次林と比べて、その程度が少なかったことが、常緑樹林を存続させたのであろう。

樹種構成から見れば、一次植生としての照葉樹林に似たこの森で、かつてシイの実が採集されていた。また、三方湖に浮かぶヒシの実が採集されることもあった。ヒシは、湖や池における一次植生の優占種として繁殖する植物であり、湖に草魚が放流される以前は、湖面に大量に浮かぶヒシの実を集め、これを商品として出荷する人があったということである。シイも、一次植生の優占種として高い密度で存在する植物であり、食用植物の優占度という見方をすれば、これらは、水田におけるイネや果樹園のウメにも相当しており、そのために、単位面積当たりの生産量は高く、実を集める労力は少なくて済み、縄文時代以来、重要な食料資源として利用され続けたのである。

向笠における人間－植物関係は、イネの栽培からヒシ、シイの利用までの幅を持っている。表1には、これを六つの段階として表現したが、それぞれの植物についてさらに詳細に検討し、あるいは他の地域での調査を重ねれば、いっそう連続的な表現が必要となるであろう。その間の重要な変数項は、植生に対する人的影響の程度、管理や生産物に関する社会経済的単位の大きさ、植物の形態的・生理的変化、管理技術の程度、管理作業の密度などである。

一般的にわれわれは、〝たんぼ〟や〝はたけ〟における活動を栽培と呼び、「村周辺の二次林」、「お寺の森、三方湖」の植物の利用を採集に含めていると考えてよい。「畑、人家の周辺」のフキ、サンショウ、クリ、カキの状態はそれらの中間に位置しており、従来、耨耕《じょくこう》(horticulture, incipient cultivation)や半栽培などと表現されていたのは、このような状態にある人間‐植物関係であったのだろう。

2 人間‐植物関係の空間的構造

お宮の森や、お寺の裏山にあるシイの森は、ここが信仰にもとづいた特殊な場所であり、伐採されることが少なかったことによって残ったのである。人間の影響の少ない所にだけ一次植生が保存されていることからすれば、本来このような植生は、人間があまり近づかない、したがって居住地からより離れた場所に広がっていたことを示している。また、ヒシが繁殖する湖も、日常の生活場所ではなく、同様にこれを「遠い」と表現してよいだろう。

これに対して山の二次植生は用材、薪、肥料などの採集が、激しくおこなわれることによって成立したのであり、人間の生活中心により近い場所での植生とみなすことができる。そして、「畑、人家の周辺」とした人間‐植物関係は人間の生活中心、すなわち〝ムラウチ〟で成立しているのである。

「畑、人家の周辺」から「お寺の森、三方湖」までの人間‐植物関係は、植生に対す

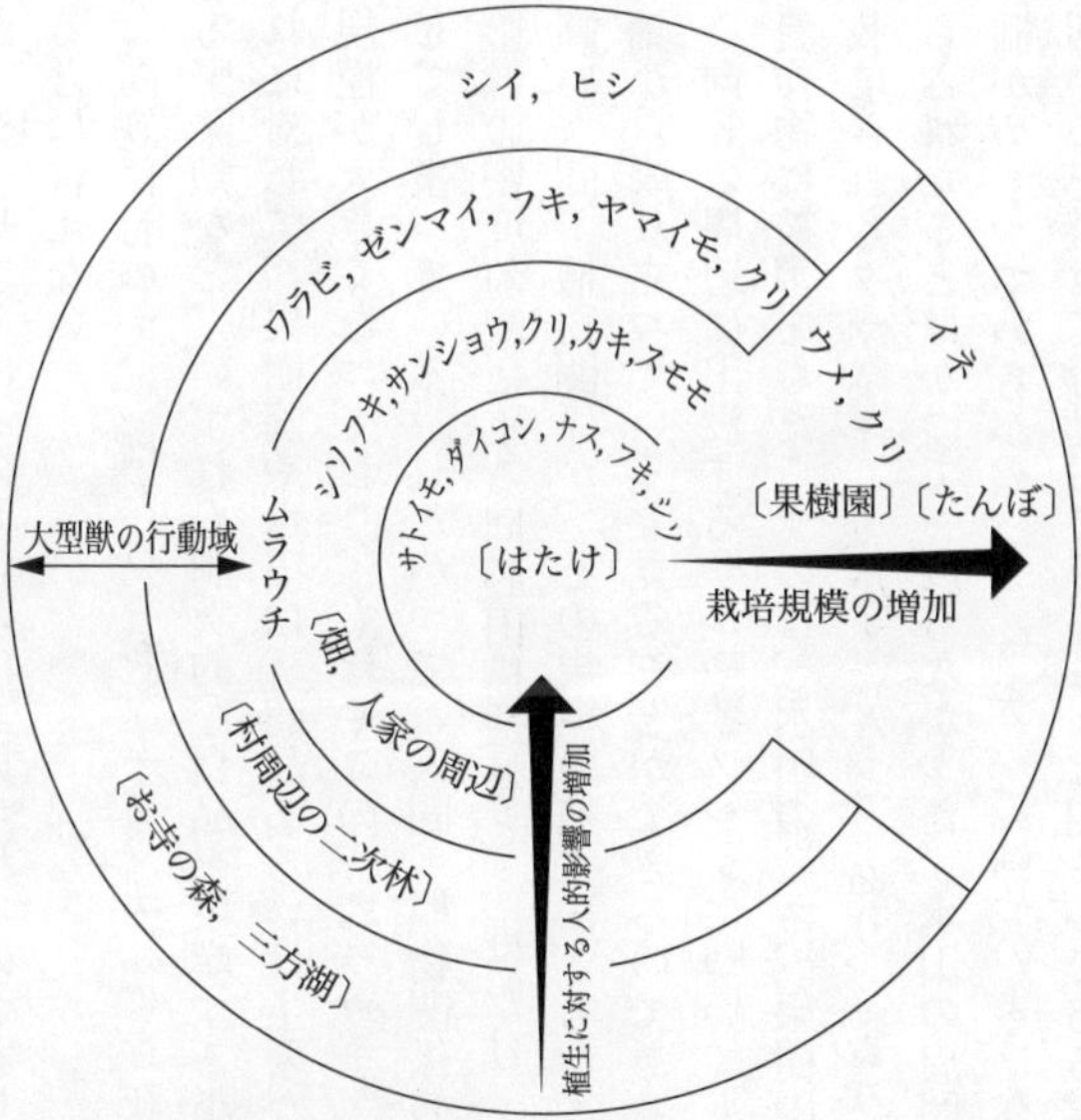

図１　向笠における人間－植物関係の空間構造

る人的影響が、生活中心に近いほど激しいことによって、同心円的な構造をなしていると考えてよい。これを模式的に表現すれば、生活中心における裸地や草地から、周囲に向かって次第に植物の密度と高さが増加し、常緑樹が増え、ついには樹高二〇メートルをこす原始の森に続くのである。

〝はたけ〟とは、「畑、人家の周辺」に見られた人間－植物関係が洗練され、播種、除草、施肥などの管理が加えられるものであるが、シソやフキはそのどちらにも見られるのであり、両者の間に大きな不連続点があるとは言えない。

向笠において、〝はたけ〟が〝ムラウチ〟に存在しうるのは、それが自家消費される野菜類など、いずれも副次的な食品を生産する小規模なものであるからである。これに対して、果樹園や水田は、商品あるいは主要な食料を生産するために、はるかに規模が大きくなっており、もはやこの〝ムラウチ〟には収まらず、その外側にはみだしてしまっている。したがって、人間－植物関係の空間的構造は、植生に対する人的影響の密度勾配による同心円構造軸と、〝はたけ〟でおこなわれているような密度の高い人間－植物関係が、その規模の拡大にともなって外側にはみ出るという、二つの軸から成り立っていると見ることができるのである。

向笠の周辺に出没するサルやイノシシについても考慮しておこう。彼らが侵入して農作物に被害をもたらすのは、水田のイネ、果樹園のクリ、果樹園の林床を利用して栽培されるタマネギ、カボチャなどであり、〝ムラウチ〟にある畑やクリ、カキが荒らされたことはかつて一度もなかった。水田の周囲には、イノシシを防ぐための電気柵がめぐっているが、〝ムラウチ〟にはそのような設備はない。大型獣は、人間の生活中心を避けて行動していることは明らかである。

3　縄文時代のクリ、クルミ

縄文遺跡から出土した植物性食料について、渡辺誠は、二〇八遺跡から検出された三九種を植物性食料として報告しているが、それらの食料としての重要性には大きなひらきがあるであろう。筆者は、福井県鳥浜貝塚から出土した縄文前期の動植物遺存体について量的な分析をおこない、二一種の可食植物のうち、クルミ、ヒシ、クリ、シイを主としたドングリ類をメジャーフード（主要食料）として位置づけ、他にわずかな量が出土している炭化した球根を、メジャーフードであった可能性のあるものとしてあげた。渡辺によると、クルミが一三六遺跡から、ドングリ類は六五遺跡、クリは六一遺跡と多くの遺跡から出土しており、ヒシは五遺跡で検出されている。(2) ヒシは、その後報告された桂見遺跡、鳥浜貝塚において多量に出土しており、ヒシが繁殖する水域をひかえた縄文集落では重要な食料であった。この他に、縄文後晩期の遺跡からは、トチが多量に出土することが知られている。クルミ、ドングリ類、クリ、ヒシ、トチなどのナッツ類は、出土遺跡数、出土量、栄養的価値から、縄文時代の重要な植物性食料であったことが明らかである。

このうち、ヒシ、トチ、シイ、ブナ、ミズナラ、アカガシ亜属の植物は、いずれも、照葉樹林帯やブナ帯の一次植生の構成種であるのに対して、陽樹的性質の強いクルミ、クリは、一次植生には稀な植物であり、明るい開けた場所に好んで繁殖する。原始の森林が広がっていた縄文時代に、クルミやクリは、どこに、どうしてはえていたのだろう。

これまでにおこなわれた木炭分析の結果を見ると（表2）、調査されたすべての遺跡からクリの木炭が検出されており、クルミも二遺跡で出土している。鳥浜貝塚、桑《くわ》飼下《がいしも》遺跡、福田貝塚の木炭は、食料残滓と一緒に捨てられていたものであり、沖ノ原遺跡の木炭は、炉の中から出土したものである。これらは燃料として燃やされた薪の燃え残りと考えられる。食料として重要なクリやクルミの実が、集落から離れた場所で採集されることがあったとしても、重い大量の薪が、遠くで伐採されることなどありえないことであり、したがって、クリやクルミは遺跡のごく周辺に生育していたと予想できるのである。

縄文時代の集落の周辺には、クリやクルミが生育できる明るい開けた場所があったと推定されるが、同様の結論は、西日本の低湿地遺跡の種子分析において、そのような場所にはえる二次植生の植物種子が、多種類かつ多量に出土することにも示されて

表２　縄文遺跡出土のクリ，クルミ炭化材

時代	遺跡	クリ	クルミ	資料数	調査者
草創期	鳥浜貝塚	7		71	西田
前期	鳥浜貝塚	2		88	西田
中期	動坂	4		61	千浦
	沖ノ原	5		15	西田
	寺谷	4		4	西田
	鈴木	1		2	松谷
	六仙	37		41	千野
後期	加曾利北	3		3	亘理
	加曾利南	12		17	亘理
	福田貝塚	11	3	51	西田
	太子町東南	12		40	西田
	桑飼下	13	7	100	西田
	はけうえ	2		27	Chiura

表３　縄文遺跡出土種子

時期	遺跡	一次植生	二次植生	調査者
草創期	鳥浜貝塚	カヤ, トチ, ハンノキ ヒシ, クリ, クルミ		西田
前期	鳥浜貝塚	カヤ, シイ, カシ類 モチノキ, ヒシ, オニ ハス	クルミ, クリ, カナムグラ サナエタデ, キンミズヒキ サンショウ, アカメガシワ ヤブジラミ, エゴノキ	西田
後期	桂見	スダジイ, トチ, モチ ノキ, ヒシ, オニハス ハンノキ	クルミ, カジノキ, キイチゴ類 アカメガシワ, サンショウ カナムグラ, ミゾソバ, ギシギシ セリ, スズメウリ, クサギ	粉川
	桑飼下	トチ, ヒシ	クルミ, カジノキ, サンショウ アカメガシワ, エゴノキ, クサギ カナムグラ, ツユクサ, ウルシ属 フユイチゴ, タデ属	西田
晩期	滋賀里	アラカシ, トチ, シラ カシ, ヒシ	クルミ, クリ, アカメガシワ イヌザンショウ, エゴノキ	那須

いる（表3）。ここで、鳥浜貝塚の多縄文系草創期のクリとクルミを一次植生の構成種に含めたのは、両種が花粉分析においても高い比率で出現し、後氷期の気候変動が進行していた時代には、クリやクルミが一次植生として生育していたと考えられているからである。(3)

　草創期の鳥浜貝塚に、二次植生を示す植物遺存体の見られないことは、縄文前期以降の遺跡における明るい開けた場所の出現要因を考える上で重要な意味を含んでいる。この文化層からは、わずかな量の土器片と石鏃《せきぞく》が出土するのみであり、出土する食料残滓は、ヒシ、クルミ、クリ、ハシバミなど秋に採集できるナッツ類に限られており、当時の鳥浜は、主にヒシの実を採集するための一時的な採集キャンプ地であったと推定できる。

　これに対し、縄文前期の鳥浜には、年間を通じた生業活動が見られ、定住村落が営まれていたと推定されている。すなわち、遺跡周辺の二次植生は、定住的な村落にともなって出現するのであり、定住生活による断続的な植生破壊の結果としてもたらされることを示している。

　植生破壊の具体的な要因は、薪、建築材、道具材料の採集が考えられるが、なかでも薪の採集は大きな要因であっただろう。冬期の暖房用、調理、土器の焼成には多量の薪が必要であるが、短期間のキャンプとはちがい、これを枯れ木や枯れ枝の採集でまかなうことは不可能であろう。京都北山の山村では、一家族が春に準備する薪の量は、四貫俵の炭が七〇俵焼ける炭ガマで必要な木材に相当したということである。木材一立方メートルから一三五キログラムの炭が得られるとすると、これはおよそ七立方メートル、約六トンの木材であったことになる。おそらく、縄文時代の家族においてもこの程度の薪は必要としたことであろう。

森林の生産量は、樹種、立地、伐採方法によって大きく異なるが、たとえば、高知県における山地の薪炭林の生長量は、年間、一ヘクタール当たり三〜八立方メートルであり(4)、このような林で毎年七立方メートルの材を伐採するならば、単純に計算して一家族当たり一〜二ヘクタールの二次林が出現することになるのである。

縄文時代の主要食料であったクリやクルミは、伐採によって生じた村の周囲の明るい開けた林の中にはえていたのであろう。このような場所にはえる植物は一般に人里植物と呼ばれているが、今日においても山菜としてさかんに利用されるフキ、ワラビ、ウド、ヤマイモ、タラノキ、キイチゴ類、アケビなどの野生食料のほとんどは、そのような植物であり、縄文時代の定住村落の周囲には、クリ、クルミと同じく、これらの植物も生育していたと考えなければならない。

4 人里植物の集中と経済的効果

森林のなかの植物は、光をめぐる激しい競争関係に置かれている。一次植生としてはえる植物は、暗い林床でも生長することができ、あるいは、他のどの植物よりも高くまで枝をのばすことのできる植物であるが、これに対して人里植物となる植物は、洪水や倒木、崖崩れなどによって生じた森の間隙にすばやく生長し、一次植生の構成種が勢力をつける前に種子を生産して子孫を残すことを、生存のための戦略としている植物である。クリやクルミのように、明るい場所で早く生長し、短期間で結実を始めるのは、人里植物に共通する性質である。

しかし、成熟した原始の森のなかでは、このような植物の生育できる場所はごく限られるし、たとえこのような場所があったとしても、二次植生を構成する植物相互にも激しい競争がおこる。自然状態で生育する二次林には、人間が利用する植物以外にも多くの植物を含み、それらが光を求めて上方に急速に生長し、ついにそれぞれの樹木は幹の上部にわずかな樹冠をつけたホウキ状の樹形となり、光を受ける面積が少ないために、ナッツの生産量も多くはなりえない。

村の周囲の二次植生は、村人がたえず薪や材を採集することによって、いつまでも二次植生のままであり続ける。原始の森の巨木を倒すよりも、二次林の手頃な木の方が伐採が容易であり、その意味で、すでに二次林そのものが村人にとって価値のある植生である。

さて、村の周囲の二次植生として、縄文草創期以来の食料資源であったクリやクルミがはえ、同時に、アカメガシワ、エゴノキ、クマシデ属、トネリコ属など、食用にならない樹木がはえるのである。燃料を必要とした村人が、まず後者を伐採したであろうことは当然のこととして予想できる。

このことを仮定すれば、この二次林中のクリやクルミの密度が次第に高くなるだろうし、切らないで残された有用樹木はより多くの光を受け、単位面積当たりのナッツの生産量は、自然林として成立する二次林よりもはるかに多くなることが予想されるのである。食料を生産してくれる植物を切らないでおいておくことは、どのような民族においても広くおこなわれていることであり、未来を予想することのできる人間に共通の行動と見なすべきものである。

次に考察しなければならないのは、人間と獣との関係である。人間が利用する植物性食料のほとんどは、イノシシ、サル、クマ、リス、ネズミなどの獣にとっても重要な食料であり、野山でおこなう人間の採集活動は、これらの獣との激しい競争関係に置かれている。すでに指摘したように、獣は、人間の生活中心に近い場所では行動を制限している。したがって、村の周囲ではこのような競争はほとんどなく、実ったクリやクルミの実のすべてを村人のものとすることができるのである。

言うまでもなく、採集場所が近いことは、収穫するのにすこぶる有利である。また、村人が、この二次林のなかを頻繁に歩くことによって、林床の植物の生育が抑制されれば、落ちたナッツを見つけることもたやすい。さらに、人間が多量に運び込む食料の残滓や排泄物が、村の周辺に拡散することによって、土壌養分が豊かになることも予想されよう。

縄文時代のクリやクルミが、たとえ形態的には野生型の植物であったとしても、それが人間と植物の生態学的な相互関係によって村の周囲に集中してきた場合には、単位面積当たり、あるいは一本当たりの生産量は増加し、ナッツを集める労力が減少するなど、実に大きな経済的効果をもたらすであろう。食料生産のもたらす歴史的意味が、単位面積当たりの生産量の増加と、収穫コストの減少にあったとすれば、それらは、野生型植物が栽培型植物に変化することによってももたらされるが、そのこと以前に、人間と植物との生態学的な相互関係を通じた人里植物の村への集中によって、高い生産性の生じることを重視しなければならない。縄文時代の遺跡から出土するクリの実が大型化していた可能性も残されているが、クルミは現在の野生種と変わらない形態をしており、歴史的な経過においても、遺伝的、形態的変化よりも先に、まず人里植物の集中がおこっていたのである。

クリやクルミの遺伝的な形態変化が長い縄文時代を通じてほとんど進行しなかった理由をあげることはたやすい。それは、これらが多年生の樹木であり、他家受粉をすることが多いためである。遺伝的な変化は、世代の交替時におきるが、結実するまでに三〜六年かかるクリやクルミは、一年生の草本植物に比べてその機会は$\frac{1}{3}$〜$\frac{1}{6}$以下しかない。他家受粉をする植物では、たとえば、大きなクリの実を植えたとしても、生長したクリの木が必ずしも大きな実をつけるとは限らず、主に自家受粉するイネや、コムギ、オオムギなどと比べると、品種の固定は困難であり、人為的な選択の効果はより少ない。クリの品種を確実に固定するには、接木《つぎき》や挿木など、高度な園芸的手法による栄養繁殖をおこなわなければならないのである。また、イネ科植物の栽培型タイプとして最も初期にあらわれる非脱粒性（成熟した種子が落下しないこと）は、単純な遺伝子の組合せによって決定されるが、おそらく、クリやクルミの実を大きくすることに関与する遺伝様式は、はるかに複雑であるにちがいない。

野生型植物が栽培型植物に変化する過程と速度には、植物に対する管理の仕方とともに、植物自体の持っている性質が強く影響する。西アジアにおいて、非脱粒性の栽培型植物が新石器時代の初期に出現していることには、コムギやオオムギ自体の性質が強く反映しているのである。これまでの先史学において、栽培型植物の出現は、食料生産を示す重要な証拠と見られていたが、すでに述べたように、生産量の増加と収穫コストの減少は、人里植物の村への集中によってもたらされ、遺伝的な変化の遅速には、植物の性質が強く反映するのである。食料生産の出現過程を明らかにする上で、栽培型植物の出現は、特に果樹について考えるときには、これまで考えられてきたほどに大きな意味を持たないことになる。

縄文時代のクリやクルミは、燃料としても消費されているが、これは、有用な植物は切らないという原則と矛盾しているとは考えられない。クルミやクリのナッツが、縄文時代を通じて重要な食料であったことは明らかな事実であり、彼らが、その木を燃料としていたとしても、それはクリやクルミが十分に収穫できる状況を残してのことである。すると、むしろこれは、彼らのクリやクルミに対する積極的な管理を示している可能性がある。

今日のクリ栽培では、密植が収量を著しく低下させることが知られており、その弊害をさけるため、樹木の生長にともなって間伐するのが普通である。本多昇は、クリ園を開くについて、最初に幼樹を一〇アール当たり四八本植え、七年目にそのうちの二四本を、一二～一三年目にさらに一二本を間引き、最終的に一二本とするのが良いとしている。従来、果樹は一〇アール当たり七五本を植えつけるのが慣例となっていたということであり、また、樹冠の大きくなる品種の場合には、最終的に一〇アール当たり八本にすべきとしている。また、枝の剪定が、クリの実を大きくし、隔年結果を防止する効果をもたらすことが知られている。クリやクルミの木を切ることによって、かえって高い生産力が維持されることがあるのである。

縄文時代の村人は、村の周辺にはえているクリやクルミの木を、毎日見ながら生活しており、日照条件や病虫害、樹形が生産量におよぼす影響をたやすく知り得たことに留意する必要があろう。人里植物の村への集中という場面は、植物に対するいっそう深い知識の蓄積を促すであろう。植物に対する管理技術の発達は、注意深い不断の観察から生じるのであり、その条件はすでに整っていたと考えなければならない。彼らが、単に燃料とするためだけの目的で、クリや、クルミの木を切ったと考えることはできないのである。

向笠において見たように、定住農村における人間－植物関係は、生活中心に近くなるにつれて、植生に対する人的影響が強くなり、有用植物の管理の密度が高くなるという同心円的構造と、生活中心で成立した人間－植物関係の規模の拡大という二つの側面を持っていた。

第一の場面は、定住生活に起因する薪や建築材用の樹木の集中的な伐採、人里植物の成立、集中的な観察の蓄積などによって、ほぼ自動的に進行する過程と考えてよい。しかし、規模が拡大するという第二の場面については、さらに説明が必要である。第一の場面で管理技術が発達してゆく過程を「栽培化」とし、さらに規模が拡大する場面を「農耕化」とするなら、それぞれは、異なった要因によって進行すると考えられるからである。

5　豊かな環境における栽培の伝統

縄文時代を通じてクリ、クルミは重要な食料であった。しかし、たとえば縄文前期の鳥浜貝塚では、その他に、シイ、ヒシ、シカ、イノシシ、ヤマトシジミ、カワニナ、マツカサガイ、イシガイ、コイ科を主とした淡水小型魚類がメジャーフードとして利用され、さらに、海産の魚介類、球根が利用されていた。湖と海、野山の多様な環境に恵まれていた鳥浜の人びとにとって、クリやクルミは、重要な食料資源ではあったが、その一部であったにすぎない。彼らの生業活動は季節性を示し、食事の内容は季節によって変化していたと考えられる。季節に応じて食事の内容を変えてゆくことは、自然にたよって生きている動物にも広く見られることであり、鳥浜貝塚の人びとに見られる食料資源の利用法は、自然にたよって生活する狩猟採集民としての要素を色濃く残しているといえるのである。

これに対して、農耕民や遊牧民における食事文化は、年間を通じて同じ食品を利用することによって特徴づけられる。西アジアにおけるコムギ、オオムギ、ヒツジ、ヤギ、東南アジアにおけるコメ、アフリカ森林地帯のヤムイモ、バナナ、キャッサバ、遊牧民におけるヒツジ、ヤギ、ウシ、ウマ、トナカイ、ラクダなどの家畜のミルク、血、肉は、いずれも年間を通じた主食として利用されるのである。鳥浜貝塚におけるクリやクルミは、食料残滓の量的比率から見て、このような意味での主食であったと考えることはできない。

このことは、鳥浜貝塚の立地条件からも推定することができる。鳥浜貝塚の集落は、湖に向かって長く突き出た岬の先端の狭い場所に営まれ、背後には急な傾斜の丘陵が迫っている。彼らの村落立地が、主に湖上での活動条件から選択されていたことは明らかであり、食料残滓の分析から復元された彼らの生業活動においても、湖での活動が重要な役割をはたしていたことが指摘されている。(5) この鳥浜村では、クリやクルミを「農耕化」できるほど広い場所を求めることは困難であり、また、その必要性も見あたらないのである。

縄文前期の鳥浜村から、およそ三〇〇〇年を経た縄文後期の京都府桑飼下遺跡は、由良川の河口からおよそ一三キロメートル上流の自然堤防上に位置しており、村落の背後には、ヒシの繁殖する後背湿地があったと推定されている。(6) この遺跡からは、クルミ、ヒシ、トチ、カヤ、ドングリ類、アユ、スズキ、コチ、コイ科魚類、イノシシ、シカなどが出土しており、川、池、海、野山の多様な資源が利用されていたことは、鳥浜村と共通している。クリの実は検出されていないが、クリやクルミの木炭が出土しており（表2）、村落の周囲にこれらがはえていたことを示している。

鳥浜村の生業活動とのちがいが、トチの実が利用されていることと、土掘具と推定された打製石斧《せきふ》が多量に出土したことに見られるが、クリやクルミが、彼らの多様な食料資源の一部であったことに変わりはない。

打製石斧の出土は、植物利用における道具の発達と理解することができるが、発達の方向は、一次植生としてはえるトチの実の利用技術にも向かっているのであり、縄文前期からの過程を、「農耕化」の進行としてとらえることはできないだろう。多様な環境と資源に恵まれたこれらの村落にあっては、「栽培化」が、ただちに「農耕化」を促すことにはならず、季節によって食事の内容を変えるという食文化の伝統は、変わらず受け継がれていたと見るべきである。

6　中部山地における「農耕化」

新潟県津南町沖ノ原遺跡は、藤森栄一が縄文農耕論の根拠としてあげた諸特徴を備えた遺跡の一つである。(7) 遺跡は、信濃川と中津川にはさまれた広い平坦な段丘上にあり、中津川までの距離はおよそ一キロメートル、その間に比高二〇〇メートルほどの急崖をはさんでいる。これまでに五三基の居住址が、直径一二〇メートルの範囲に環状に配置されていることが明らかにされており、このなかには、長さ一〇メートル、幅四メートルの長方形プランを持つ大きな家屋が含まれている。

遺跡から、クルミ、クリ、ドングリ類、トチノキの炭化種子が出土しているが、ドングリ類とトチの実の出土量はわずかである。火災で焼けたと思われる住居の炭化した建築材にはブナとクリの木が多量に利用されており、炉のなかからもクリの木炭が出土していることから、当時の村落周辺の一次植生は、現在と同じくブナを主とする落葉広葉樹林であり、村の近くにクリがあったことを示している。出土した石器の内容は、打製石斧、石皿、磨石、敲石《たたきいし》など、植物性食料に関係する道具が多く、石鏃《せきぞく》、石槍などの狩猟具はわずかで、漁具は見られない。

縄文中期農耕論は、狩猟漁撈活動が低調であるのに対して、植物性食料への依存が強く、打製石斧が多量に出土し、集落の規模が大きいことなどの諸事実を説明するものとして提出された。農耕の具体的な姿としては、クリ栽培、イモ栽培、雑穀栽培などが考えられたが、いずれもその可能性が示唆されたにとどまっていた。

この地域のブナを主とした一次植生のなかで、クリやクルミが稀な植物であることは、照葉樹林帯と変わらない。クリやクルミは、多雪地の雪崩跡地に自生することがあるが、沖ノ原遺跡の周囲は平坦であり、段丘のまわりの急崖は、樹木の良好な生育には傾斜が急すぎる。遺跡から出土したクリやクルミは、すでに述べた「栽培化」のプロセスによって、集落の周囲にはえていたものと考えなければならない。問題はその規模、すなわち農耕化の程度である。

この集落では、魚類や貝類がたとえ利用されていたとしても、主要な活動でなかったことは、道具からも、立地条件からも明らかであり、石鏃の出土量から見るかぎり狩猟活動も低調であっただろう。また、落葉広葉樹林の優占種であるブナの実は、シイと同じく、アク抜き不要のすぐれた食料であるが、その実は小さく、採集には多大の労力が必要であり、縄文時代においても、現在においても利用されることは少ない。もう一つの優占種であるミズナラの実は、アク抜きをすれば食用となるが、縄文時代の遺跡からの出土は、クリやクルミに比べると稀であり、湿った沢筋に多いトチの実も、遺跡から多量に出土するのは縄文後期以後である(8)。

そうすると、鳥浜貝塚や桑飼下遺跡において、主要な食料であった魚介類、獣、一次植生のナッツ類など、自然の産物を対象にした活動のことごとくが、縄文中期のこの集落では不活発であったことになる。

長期間雪にとざされるこの地域では、より多くの越冬食料を必要とするが、そのための活動期間はより短い。この環境条件を克服するには、より低い労働コストでより多量の食料が保存できなくてはならないはずである。ブナ帯の一次植生に見られる植物で、ナッツ類の他にそのような可能性のある植物として、ゼンマイ、カタクリ、ウバユリなどがあげられよう。現在のゼンマイ採集活動については、山形県五味沢地区における丹野正の詳細な調査があり、これをもとにして、その可能性について考えたい[9]。

ゼンマイは、積雪の多いこの地方の雪崩のおきる急な斜面に多量に生育しており、採集活動は村人の現金収入源として大きな比重を占めている。毎年五月一〇日頃から、田植の始まる六月初めにかけて、村人の多くがこれに参加する。採集活動は、主に家族単位でおこなわれ、ゼンマイを採集する男性（〝オリト〟）と、ゆでて乾燥する女性（〝モミト〟）とが一組になるのが普通である。

一人のオリトは、一日に生重量で四〇キログラムから八〇キログラムのゼンマイを採集し、シーズン中の一家族当たりの採集量は五六〇キログラムから一九〇〇キログラムであった。採集量の多い家族では、三人あるいは四人がこれに参加している。朝六時から夕方七時まで、ほとんど休みなく続けられる約二〇日間の激しい労働によって得られたゼンマイの、カロリーとしての価値は、乾燥したゼンマイの歩《ぶ》どまりが一〇パーセント、乾燥ゼンマイ一〇〇グラム当たり二五七カロリーであることから、一家族当たり一四万四〇〇〇カロリーから四八万八〇〇〇カロリーが得られることになる。一人が一日を暮らすのに二〇〇〇カロリーが必要として、五人家族を仮定すると、彼らが採集したゼンマイは一四日から四九日分の食料に相当する。

しかし、これを採集するのにすでに二〇日間が経過し、その他にも採集のための仮小屋などの準備に数日間の労働が必要なことを考えると、採集量の少ない、言いかえれば働き手が二人しかいない五人家族にあっては、ゼンマイ採集のカロリー収支はむしろ赤字であり、多くの働き手と、頑健な体力に恵まれ、かつ採集に熱心な家族においても、余剰として得られる食料は三〇日分以下ということになる。激しい労働のために多くのカロリーを消費することも考えると、ゼンマイの採集によって余剰食料を蓄えることはほとんど不可能と考えた方がよいだろう。

この地区では、火入れされた〝ワラビ山〟でワラビの採集がおこなわれるが、ワラビの場合には一株から一本しか採集できないために、収量はゼンマイ採集よりも少ないとのことである。ゼンマイがいかに豊富に高い密度で生育しているかを示すエピソードであるが、そのような植物であっても余剰食料を得ることはむずかしいのである。カタクリやウバユリの生産量と密度が、ゼンマイより大きいとは考えられず、地中の球根を掘り出し、水晒しによってデンプンを得るための労力は大きく、それによって多量の保存食を蓄えることも困難であるにちがいない。

以上に述べてきたことからすると、中部山地の山腹に営まれた村に残された可能性は、人里植物として村の周辺に集中する有用植物を、より大規模に効率良く利用すること以外に見当たらないことになる。クリやクルミが、その主な対象であったことは、炭化種子が頻繁に出土することからも明らかであるが、遺跡には証拠を残さないクズ、ヤマイモ、あるいは外来の食用植物があったとすればその可能性も含めて、これら人里植物の集中的な利用が、彼らの生業活動の根幹をなしていたと考えなければならない。

向笠の人間‐植物関係において見たごとく、栽培における最も重要な活動は、森の伐採と除草であったが、これらの遺跡から多量に出土する打製石斧、あるいは大型粗型石匙《いしさじ》は、土掘具としてよりも除草具と考えた方が理解し易いのである。今日のクリ園においても、除草はクリの生産性を高めるための最も基本的な作業であり、落ちたクリの実を拾い易くするためにも欠かせない仕事である。

鳥浜貝塚や桑飼下遺跡における人里植物は、主要な食料の一部を提供するものであり、村落は水産資源の利用に適した場所に位置していた。しかるに、中部山地の人びとがしばしば選んだ集落立地は日当たりがよく、広くてなだらかな河岸段丘の上であった。このような立地は、狩猟、採集、漁撈などの活動に、とくに有利であるとは思えないが、クリやクルミを大規模に栽培するためには、きわめて有利な条件である。集落の立地が、最も重要な生業活動のために選ばれるとするなら、人里植物の大規模な利用こそ、この立地にふさわしい。

本多昇によると、現在のクリ園での一〇アール当たりの収量は、一九〇キログラムから二二五キログラムが普通であり、最大値は九〇〇キログラムに達する。年に一回下草を刈るだけの著しく生長の悪いクリ園でも一五〇キログラムの収量であったとしており、この値は、クリ園の生産量の最低に近い数値と考えてよい。

今かりに、この値を縄文時代のクリ園の生産量と仮定し、一日に一万カロリーの食料が必要な家族を考えると、年間に必要なカロリーの半分および全部をまかなうために要するクリ園の広さは、クリの実の廃棄率が三〇パーセント、可食部一〇〇グラム当たり二五二カロリーから、それぞれ、六八アール、一三六アールと計算される。クリ園のクリの密度が一〇アール当たり一二本とすれば、八二本および一六三本のクリの木があればよいことになる。また、現在のクリ園において、除草、剪定、施肥、収穫、出荷などに必要な労働力は、年間、一〇アール当たり一〇人日程度とされており⑽、それぞれの広さのクリ園の管理のために必要な労働力は、六八人日および一三六人日ということになる。

すでに述べたように、薪を採集することによって一家族当たり一～二ヘクタールの二次林が生じるのであり、このような場所にクリやクルミが植えられ、除草や剪定などの管理がなされていたと考えれば、この程度のクリ園を作り、それを管理することが、彼らにとって決して大きな仕事であったとは思えない。縄文時代のクリは、現在栽培されているクリに比べて実は小さい。しかし、今日のクリ園における収量にも、管理の技術や密度によって大きな差が見られるのであり、小粒のクリであっても収量が高い場合もありうることに注意する必要があろう。

ここでは、クリやクルミなどの人里植物を、より大規模に栽培することによって、低い労働力コストによって多量の余剰食料が得られることを理解できれば十分である。縄文中期中部山地の集落における人間－植物関係は、「畑、人家の周辺」や「はたけ」のレベルを越えて、農耕と呼ぶのに十分な規模を備えていたと考えなければならない。

7　新石器時代の人間－植物関係

田中二郎は、ブッシュマンについて、自然のなかで、自然に頼って生きる人びとと述べている。移動生活をおこなう狩猟採集民が、一時的に利用するキャンプの周辺の植生に与える影響はわずかであり、それは、イノシシがヤマイモを掘り、鳥が種子を運ぶなどして植生に影響しているのと同じ程度の、いわば自然の営みとしての動物－

植物関係の水準にとどまっているのである。集団で生活し、移動し、自然に頼り、雑食性であることは、移動狩猟採集民を含めた高等霊長類の基本的な生活様式である。

これに対して、定住的な村生活は、体重が五〇キログラム以上にもなる大型動物の生活様式としてはきわめて特異である。広く哺乳類の生活を見ると、群れ生活をする大型動物が、長期間にわたって同じ寝場所を利用する例は、たとえばカバや乾燥地帯にすむヒヒのように、安全で休息に適した場所が限られている動物でわずかに見られるだけである。

さらに人間は、代謝エネルギー源としてだけでなく、燃料としても多量の樹木を消費する。定住生活と火の使用という、人間に特有な行動様式の結果として居住地の周辺は必然的に二次植生へと変化する。集落の周辺に集中する人里植物は、彼らが毎日顔を合わせる集落の構成員であり、これらの植物についての知識は必然的に増加する。有用植物は切らないという単純な行動が積み重ねられると、有用植物の密度は増加し、両者は次第に共生関係を深めることとなる。食料生産は、定住生活、火の利用、有用植物の保護といった行動様式を持った人間と、植物世界との生態学的な相互関係から出現するのである。

人類は、その出現以来、移動狩猟採集民として歴史の九九パーセントを生きてきたが、最後の氷期の終わる頃、旧大陸の中緯度地帯のあちこちで、定住的な傾向を強く見せるようになった。定住生活の出現について、水産資源が重要な意味を持つことは、多くの研究者の指摘していることであり（第一章参照）、筆者は、鳥浜貝塚の定住生活を支える上で、漁網による効率的な魚資源の利用が特に重要であったことを第六、七章で指摘している。

人類は、サルたちが食料としている果実、種子、木の芽、葉、昆虫などの他に、さらに、地中の根茎、球根類、小型動物から大型動物までを次第に食料リストに加えてゆき、旧石器時代の後期には、ついに水産資源までを利用し始めたのである。水産資源は、いわば人類が最後に手をつけた食料の宝箱であり、漁網やヤナ、ウケなど、効率的な漁獲をもたらす定置漁具は、この宝箱を大きく開ける鍵であった。

「栽培化」の過程が、水産資源に支えられて出現した定住集落において、ほぼ自動的に進行することから言えば、食料生産の歴史は、魚資源という、動物性タンパク質の宝箱についてきた付録として始まったことになる。

人里植物の集落への集中と、その利用（「栽培化」）は、水産資源の豊かな集落で始まるが、しかし、生業活動全体のなかで、有用人里植物利用の比重が大きくなるのは（「農耕化」）、自然の産物として得られる資源の少ない地域であった。日本では、中部山地の諸集落において、その姿が特に顕著にあらわれているのである。しかし、この環境は自然の産物だけに頼って定住生活が始まる場所ではなく、定住や栽培などの生活様式は、水産資源の豊かな定住集落からもたらされたと考えなければならない。

縄文時代の人間－植物関係の分析から得られた「栽培化」と「農耕化」の過程は、西アジアの地中海沿岸地域においても同様に見られる。水産資源の利用を伴う定住的なナトゥーフ文化が沿岸部に出現し、野生穀物が利用され、貯蔵穴が出現する。沿岸部においては、その後も多様な資源に依存する生活が続けられるのに対し、より乾燥した内陸部において、無土器新石器文化の最初の農耕集落が出現するのである。[11] いずれの場合にも「農耕化」の過程は、環境の豊かさ、特に水産資源の豊かさと負の相関を示して進行している。

当然のことながら、環境の地理的変化は連続的であり、したがって「農耕化」の程度も連続的な地理的変化を示すと考えなければならない。とすると、「栽培化」の段階に達した文化が、その後、古代社会を出現させるまでの間に農耕化の程度によって歴史的段階を設定することは不可能であろう。食料生産の時代として新石器時代を定義することは有効であるが、その場合には「農耕化」の程度によってではなく、「栽培化」の開始によって、すなわち、定住集落の出現による人里植物の集中とその利用によって、この時代が開かれるとするべきである。ナトゥーフ文化と無土器新石器文化、あるいは鳥浜貝塚と中部山地の集落は、ともに新石器時代に置かれるのであり、それぞれは環境条件に応じた変異形と理解される。新石器時代の人間‐植物関係は、環境条件のちがいに応じて、栽培のレベルから農耕のレベルまでの変異を示すのである。

新石器時代をこのように定義すると、日本では、定住的傾向の少ないと見られる縄文時代早期の撚糸《よりいと》文系土器以前を新石器時代に含めうる余地はない。しかし、これは定義上のことであり、定住的傾向の増加や人里植物の利用なども、長い時間を経て徐々に完成されたにちがいなく、あえてそれを強調することもないだろう。

＊

水産資源の利用によって定住集落が出現すると、ここで「栽培化」が進行し、それが水産資源の得られない地域に拡散する過程で「農耕化」が促進された。人類史上、農耕は、人口密度を増加させ、古代文明の成立基盤として大きな意味を持つ。世界の各地で出現した古代文明がすべて穀物農耕を基盤に成立していることから、逆に、穀物農耕をもって農耕と考える見方もあるが、これでは歴史を見る順序が逆であろう。縄文中期の中部山地において、遺跡密度の高いことが知られており、一九八〇年に山梨県教育委員会によって調査された縄文晩期の金生《きんせい》遺跡では、巨石を使った祭祀的色彩の強い大規模な遺構が出土しているが、そこに古代的な影を見ることは、あながち不当でもなかろう。

今日では、ナッツ類の重要性は、穀物栽培の陰に隠れて目立たないが、西アジアの農耕出現の地として、カシ・ピスタチオ地帯が重視されており、(12) マグレモーゼ期のヨーロッパでは、水産資源が利用されるとともに、ハシバミが多くの遺跡から出土し、それが人間によって運ばれた可能性が指摘されている。(13) おそらくこのハシバミは、縄文時代のクリと同じく、人里植物として存在していたのであろう。また、中国浙江省河姆渡《かぼと》遺跡においても、イネやヒョウタンとともにヒシの実やドングリ類が出土するのである。(14)

ユーラシアの中緯度地帯の全域において、かつてナッツ類が重要な役割をはたした時代があったことは確かであり、その東西の両端に位置するヨーロッパと日本においては、穀物栽培がおこなわれるよりも早く、ナッツ類が「栽培化」あるいは「農耕化」の状態にあったのである。

日本における新石器時代の始まりを、貝塚が形成され、漁網錘が出現し、竪穴住居が作られるようになる縄文早期撚糸文期とすれば、その開始の年代はヨーロッパ、西アジアにおけるのと大差ない。しかし、ヨーロッパは早くから西アジア穀物農耕の影響を受けたのに対し、日本では、弥生時代に移る頃までの約八〇〇〇年間の長期にわたって、ナッツに依存する特異な新石器文化が続いたのである。ここで始まったナッツ栽培は、一部の地域では農耕の段階にいたり、ついには古代を思わせる祭祀遺跡の出現するところにまで迫ったが、結局、古代文明にまでいたることなく、弥生時代の穀物栽培農耕にとって代わられたのである。

イネ栽培の農耕文化が大陸からもたらされたことは明らかであるが、縄文時代の「栽培化」と「農耕化」の歴史は、日本の自然環境と、それにかかわる縄文時代人の行動様式とから説明できるのであり、縄文時代に大陸との交流があったとしても、この過程が大陸からの影響を受けて進行したとは考えられない。この過程は、日本において自立的に発達したのであり、縄文文化は、日本の環境に深く根ざした新石器文化として、独特な様相を長く保ち続けたのである。

第九章　手型動物の頂点に立つ人類

数ある哺乳動物のなかで、また、数億年にわたる脊椎動物の進化を通じて、道具を使い、言葉を話し、地球上のあらゆる環境に分布した動物は、ただ人類のみである。この優れて知的な動物を生み出した霊長類とはいかなる動物か。あるいは、霊長類グループから人類が出現した背景になにがあったのか。霊長類を脊椎動物の進化史に位置づけ、それが人類の出現とどうかかわるかを考えてみたい。

霊長類を形態学的に定義するのは困難であるという。ル・グロ・クラークは「霊長目という分類群にたいして、満足のいくような定義を下すことは至難の業である」(1)と述べ、河合雅雄等も「サル類の特長というと、しいていうならば特長のないのが特長とでも言えばよいのだろうか」(2)と書いている。だが、特徴のない動物グループから特徴的な動物が生まれるとは考えにくい。人類が特異な動物なら、霊長類もそれなりに特異でなくてはならないだろう。それを明らかにしなければならない。

今西錦司は、「生物的自然における生物には、博物館の標本のように、単に形態だけの生物はいない。その形態が生活する、あるいは生活する形態が生物である[3]」と述べて、形態と生活の場をつうじて具体化している生活様式に生活形という概念を与えた。彼は、カワゲラ幼虫の生活形を比較分析して、分類学がおこなう、いわば血筋としての系統分類にたいし、生物の具体的な生き方の分類とその歴史を考えたのである。

また、ルロワ=グーランは「綱とか目とかいった系統分類学的区分とは別に、脊椎動物の世界は二つの機能的傾向に分れている。一つは前肢が実質的に移動にだけ使われる傾向で、もう一つは、前肢が外界関係前部領域に多少なりとも密接に係わってくる傾向である[4]」と述べ、脊椎動物の生活形を考える基本的な視点を与えている。

今西が述べているように、生活形は、属（genus）、科（family）など、さまざまなレベルで考えることができる。ここではまず、脊椎動物門のレベルにおいて、次に霊長目のレベルで、さらに人類（ヒト科）の出現を考えるときにはヒト上科のレベルにおいて、彼らが示す生活形を把握し、人類にいたる生活形の歴史とその背景を考察することにしたい。

1　手と口

脊椎動物という大きな分類レベルに含まれる動物の形態や生活様式は多様である。これを見わたすにはそれなりの操作が必要である。まず、イヌとニホンザルについて考えてみよう。

彼らが生活上のさまざまな仕事をするのに使う身体部位は、口か手、足のいずれかである。体幹（胴）から突きでた部分が仕事に役立つ。おもな仕事として咀嚼《そしゃく》、発声、攻撃、身体清掃、育児、運搬、グルーミング（ここでは個体の親和的身体接触を意味する）、移動をあげ、そのとき使う身体部位を表1に示した。

こうしてみると、イヌとサルの違いはすこぶる大きい。イヌはほとんどの仕事に口を使い、サルは手を使う。ここに注目して、イヌは口型の傾向がつ

表1　仕事に使う身体部位

	イヌ	サル
発声	○	○
咀嚼	○	○
攻撃	○	○★
採食	○	★○
運搬	○	★○
育児	○	★
身体清掃	○	★
グルーミング	○	★
移動	★▲	★▲

○:口　★:手　▲:足

よく、サルは手型傾向の動物だということにする。そして彼らの体型を見てみよう。

イヌは長い口吻《こうふん》と首を持っており、したがって口の可動範囲は広い。長い口吻のなかに収まった長い舌の役割も大きい。一方、サルの口や首の長さは、手足に比べて短く、口の届く範囲は狭い。サルが手足を伸ばして四足で立てば、口は地面にまで届かないのである。これこそ手をよく使うサルのきわだった形態的特徴というべきである。サルの首は短いが、頭は上下左右にくるくると動かすことができる。イヌが後ろを見るときは、長い首を弓なりに曲げなくてはならず、身体の重心が大きく移動するのに対し、サルは、首を曲げても重心の移動が少ないことになる。

手をよく使うサルの四肢と指は長くて可動性が大きく、それを動かすのに多くの筋肉が必要である。また、木に登るときには、手足を曲げて体を引きあげる強い屈筋が必要である。これらの筋肉が四肢に付着しているため、サルの四肢は太くて重い。イヌはサルとちがって、指が短く、前肢の尺骨と橈骨《とうこつ》、下腿の脛骨と腓骨《ひこつ》は癒着して回転せず、肩関節と股関節の可動性も少なく、屈筋も小さい。イヌは、指と四肢の可動性を最小限におさえることによって、細く、軽い四肢を持つのである。

重い四肢は、木に登り、手をさまざまな仕事に使うことに対応している。一方、軽い四肢は、地上の高速長距離走行に適しており、手をその他の仕事に使わない——したがって口をよく使う――ことに対応している。重い四肢で走ることは、エネルギー効率が悪く、したがってサルは高速長距離ランナーではありえない。すなわち、イヌとサルが示す口型と手型の傾向性は、二者択一的関係に置かれている。この二極的な傾向性にもとづいて、すべての哺乳類を配置することができる。

ウマやシカなどの有蹄類《ゆうてい》の四肢は、イヌの四肢よりいっそう走ることに専門化しており、したがって彼らはいっそう口型傾向が強い。パンダやコアラ、ナマケモノ、クスクスなどは、いずれも口と首が短く、四肢は長く、太く、可動性が高く、そして木に登る。彼らは、サルにはおよばないにしても手型傾向の強い動物である。ネコ科の動物も口は短く四肢は太く、狩や身体清掃によく手を使い、木にも登る。ネコ科はイヌ科の動物よりも手型傾向が強い。同じ食肉目でも、水中に適応したオットセイやアザラシは、イヌよりもさらに口型化している。彼らの四肢は、水中での移動器として特殊化しているのである。脊椎動物のなかで、最も口型傾向の強い動物は、イルカやクジラなど、魚類型の体型を持つ動物である。

このようにして、さまざまな哺乳動物を口型と手型を二極とする直線上に配置した(図1)。ただし、ゾウのように、この線上におくことのためらわれる動物もいる。

さて、この図をよく見てみると、ネズミ、リス、ツパイなど、小さな動物のほとん

口型 ⇦□□□□□□□□□□□□□□□□□□□□□□□□□⇨ 手型

クジラ	アザラシ	ウマ	イヌ	モグラ	ネズミ	ツパイ	◀■■霊長類■■▶
イルカ	ジュゴン	シカ	キツネ	タヌキ	ネコ	アライグマ	コアラ
	オットセイ	カバ		イタチ	リス	ラッコ	パンダ
	コウモリ			ウサギ	クマ	オポッサム	クスクス
				カンガルー			ナマケモノ

図1　哺乳類の手型・口型傾向

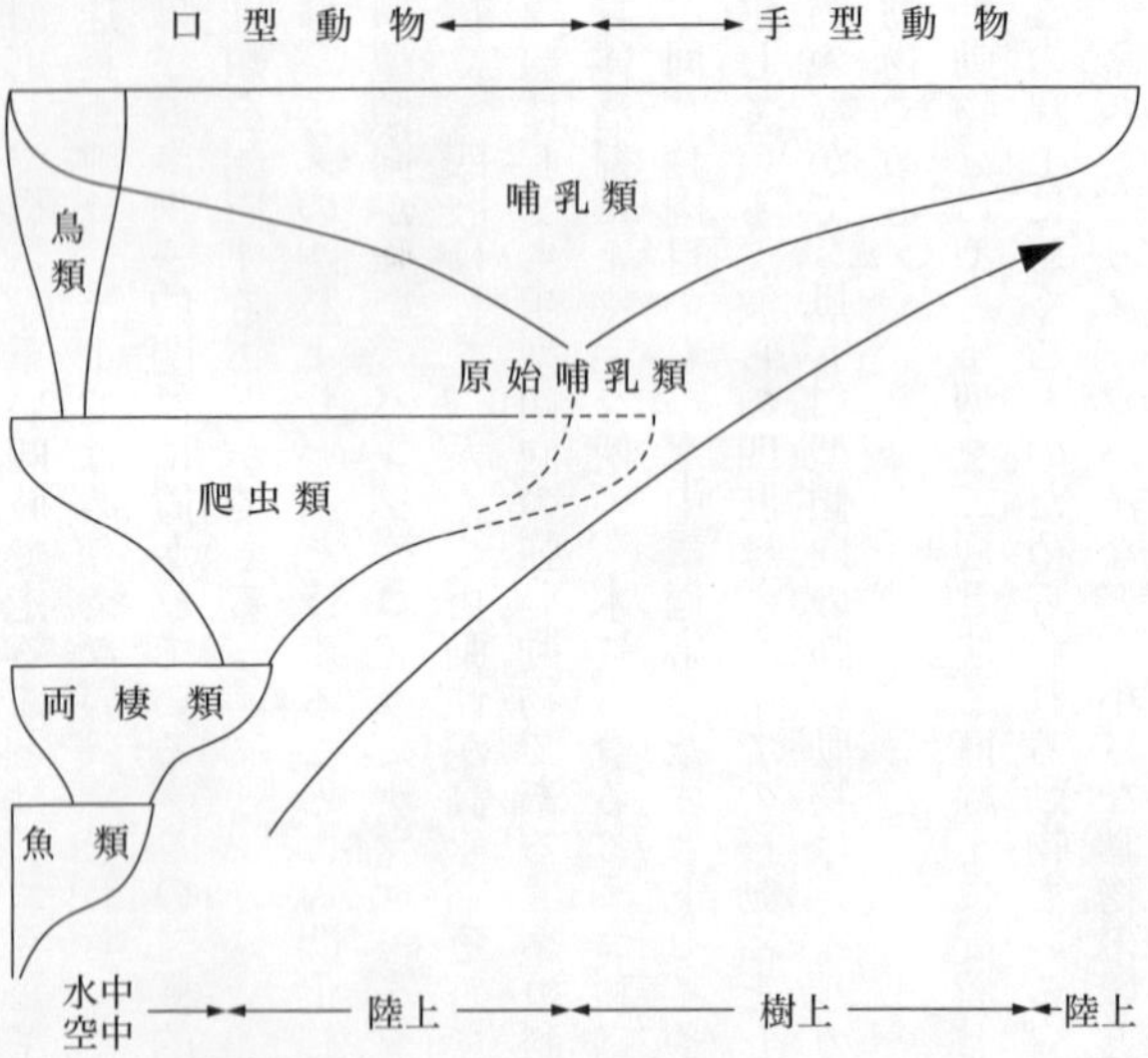

図2　脊椎動物の手型化

どが、手型と口型の中間的位置にくることに気がつくであろう。そして哺乳類は、ツパイによく似た中生代の小型原始哺乳類から進化したと考えられている。そうだとすると哺乳類は、手型と口型の中間にいた原始哺乳類から出発して、口型と手型の二つの方向へ、およそ一億年近くをかけて生活形の幅を拡大してきたことになる。

2　脊椎動物の進化

すべての脊椎動物を考えれば図2のようになるだろう。魚類は口型方向の端に位置する。脊椎動物は、この位置から進化を始めたのである。魚類から両棲類が生まれた。彼らの四肢は、おもに移動器として機能するが、たとえばカエルは、土を掘ったり、顔についた異物を取るのにも手を使うことができる。両棲類は魚類より手型化している。先の哺乳類の基準で考えれば、両棲類はオットセイやウマに近い位置まで手型化していると考えてよいだろう。

爬虫類は、中生代の全盛期に、魚類型や首長竜型、四足獣型、カンガルー型、鳥類型、ワニ型、カメ型など、実にさまざまな体型の動物たちを出現させた。これらの多くは口型傾向の強い動物である。そのなかで最も手型化した動物は、おそらくカンガルーに似た二足で歩く小型の爬虫類であろう。移動の機能から解放されていた彼らの手はどのように使われたのだろう。

大型の二足歩行爬虫類には、よく知られた肉食恐竜チラノサウルスがいる。彼の巨大な顎に比べると、前肢は貧弱で退化している。手はほとんど役に立たなかったであろう。手が移動の機能から解放されたからといって、ただちに他の機能をもつわけではない。後に人類の二足歩行について触れるが、単に二足で立てば手の働きが増加するのではないことを理解しておかなくてはならない。

それに比べて小型のカンガルー型爬虫類の手はかなり立派である。ランバートは、たとえば雑食性のオルニトミムスについて、餌を探すとき手で土をかき分けたり、アリの巣をひっかいたりしたのではないかと想像しているし、小さな肉食恐竜シールロサウルスの手には発達した指と爪とが描かれている。(5) 小型恐竜の一部は手型傾向を深めていたようである。しかし、サルやパンダのように、餌を手で口に運ぶほど手型化していたとも思えない。彼らの口と首は長く、手より口の可動範囲のほうが大きい。これは手で餌をつかむより、口を餌に近づけるのに便利な体型である。爬虫類の手型化の程度は、せいぜいタヌキやカンガルーと同じ程度と考えてよさそうである。

鳥類の前肢は空中の移動器として高度に特殊化しており、口型傾向のつよい動物である。鳥の祖先は、カンガルー型の小型爬虫類であったと予想されているが、この場合は、そのなかでもとくに口型傾向のつよい動物であったに違いない。というのは、手が採食や闘争などの仕事に重要な役目をはたしているなら、その手が移動専用器としての翼に変化する可能性は考えにくいからである。

爬虫類は口型傾向をつよく保持した動物であった。そのような、手をもっぱら移動器として使う動物が二足で歩くことになれば、手は役目のほとんどを失うことになる。チラノサウルスの手の退化は、これに対する一つの反応である。しかし、もともとの役目から解放されるということは、一方で、これをどのように変化させてもよい場面でもあるだろう。本論から少しはずれるが、進化の説明原理について触れておきたい。

生物が進化するについて、形態の変化は機能的なある種の進歩を伴っていると考えることが多い。この考えに立てば、形態はすべて機能的な意味を持っていることになる。だが、二足で歩き始めた口型動物の手のように、ほとんど機能を持たないことだってありうるだろう。この場合の手は機能とは関係なしに、したがって、それが不都合を増加させないかぎり、いかようにも変化しうるはずである。

ウマの進化において、彼らの四肢は高速走行という機能強化に向かって変化したと説明される。それはおそらく正しいのであろう。しかし、たとえば鳥類における前肢から翼への進化を同じように機能的な進歩で説明することはできない。ここには機能の質的転換があるからである。

口型傾向のつよい鳥類の祖先が二足歩行を始めた段階で、彼の前肢は機能を持たない器官になったにちがいない。この状態で前肢を持ちつづけることが不都合なら前肢は退化するだろう。だが彼らは、この状態を機能転換のチャンスとしたにちがいない。機能を持たない器官であれば、さまざまな前肢の変異形が淘汰されることなく増加しうるからである。もっとも、飛べる翼が突然できるわけがない。おそらくその初めは、前肢は保温やディスプレイ用の小道具、あるいは走行時の方向舵といったささいな役目を持ったのだろう。いずれにせよ、そういった状態において、さまざまな機能的可能性を試すことができる。進化の過程には、機能の強化として説明できる変化とともに、器官がそれまでの機能から解放され、機能の質的転換をおこす場面とがあるのである。

さて、脊椎動物の進化を手型、口型の傾向性から見ると、そこに一貫する手型化への傾向性を認めることができた。口型から手型への変化には、水中から陸上へ、そして樹上への、生息環境の変化が伴っている。哺乳類は、その出発点から爬虫類が到達したのと同程度かあるいはそれ以上に手型化していただろう。新生代の被子植物の増加を背景に樹上に進出した霊長類は、その後、脊椎動物における手型化をさらにいっそうおし進めるパイオニア的存在だったのである。この意味において霊長類は脊椎動物の進化の最先端を進む動物であり、人類はその頂点に立つ動物である。

口型、手型といっても程度の問題であることはすでに示したが、しかし手型の頂点に立つ人類からみて近さを感じる範囲のあることも確かである。そのときには、原始哺乳類の位置をもって、より口型にある動物を口型動物、より手型化しているものを手型動物とすることにする。こうすれば、霊長類の進化史は手型動物発達史ということになる。それを述べるまえに、手型化に伴うもう一つの重要な体型の変化を見ておこう。

3　視線の回転

脊椎動物の行動において視覚情報は重要である。口をよく使う動物から手をよく使う動物への変化には、口を見る目から、手を見る目への変化が伴っているのである。

口型動物の目は、目の前方に突き出た口吻と、行動の対象となる餌や争いの相手を同時に視野に収め、口と対象との位置関係を測定する。このとき、対象－口－目はほぼ一直線上にならび、手は目のさらに後方にあって視野の外にある。一方、手を使う動物はたえず手を見る。この原則は、カニやカマキリ、サソリなど手型節足動物とでも呼ぶべき動物でも同じである。

手を視野のなかに入れるには、目か手を移動させればよいのだが、脊椎動物としての基本体型をそう大きく変えることはできない。基本体型のゆるす範囲でマイナーチェンジを重ねるとなると、可能な道も限られる。中生代の二足歩行爬虫類は長い首を持っており、首を曲げれば手を見ることもできただろう。しかし彼らの手はそれほど役目を持たなかったようである。そもそも彼らの細長い首は口をよく使うためのものであり、手を見るためではなかったのである。このような動物には、手よりむしろ足をよく使う動物が多い。ニワトリが足で餌を掘り、攻撃するのを想像すればよいだろう。

これに対して、哺乳類の祖先となった小型食虫類の首は短い。食虫類ツパイは全身の驚くべき敏捷性で虫を捕らえるが、敏捷に動く動物には長い首は不利であろうし、その必要もない。彼らの目と手は近い位置にあり、餌を取るとき、それをまず手で押さえつけ、食べるときにも口と手とが共同する。カエルやヤモリが虫をパクリと飲みこむのとは違うのである。

樹上に進出した原始霊長類は、しだいに長くて可能性の高い四肢を発達させるが、首を長くはしなかった。ここで、対象－口－目－手の順序は逆転し、手が口よりも前に出て、視野のなかに入る。手をかける枝を目で確かめつつ木に登り、餌を手でつかむ。移動や採食の間中、手はたえず視覚情報によってコントロールされるのである。手の動きと視覚情報を結ぶ中枢神経系は再編成されて、それをコントロールする脳も大型化する。

地上で大型化した哺乳類は四肢を伸ばすと同時に首も長くしなければならなかったが、霊長類にはその必要がなかった。木の枝をつかんで体を引きあげる動作は、体を固定すれば目標を自分の方へ引き寄せる、あるいは、引き離すことである。すなわち、枝をつかんで木に登ることと手を使って採食することは基本動作が同じであり、木登りが上手になれば手の使いかたも上手になる。首は短いままでも不都合にはならない。むしろ、長い首は枝をくぐるにも、重心を安定させるにも不便である。このような条件がサルやパンダ、コアラ、クスクスなどの手型動物に特有の、四肢に比べて首の短い体型を生み出した。

クマやネコについては、樹上生活者として進化したとは思えないのに木に登るし、口吻が短く、四肢が太く可動性が高いなど、手型動物的な体型を発達させている。おそらく彼らの場合は、むしろ手で餌を取る場面においてさまざまに働く手が発達し、そのため木にも登れるようになったのだと理解してはどうだろう。

手が採食などの仕事に使われると、長い口や舌の役目は減る。むしろ、目の前方に突き出た長い口吻は仕事をする手を見るのに邪魔である。口吻は短くなり、そして一方で、手の動きを視覚で制御し、立体視や色の識別能力が発達するにつれて中枢神経系が複雑化し、大きくなった。口吻の縮小と脳の大型化はさらに第三の効果を生む。哺乳類の目は、口吻（顔面頭蓋）と脳を入れる脳頭蓋との間におさまっているが、口が縮小し脳が大きくなれば、目はそれに引きずられて腹側へ押し下げられることになる。その結果、もともと体軸に平行して前方を向いていた目は腹側へ、すなわち手がよく見える方向へと回転してくる。この変化は手を使うにも木に登るにも都合の良い変化であった。

手型動物のなかで霊長類だけが平爪のついた長い指を発達させた。パンダやコアラの好きな子どもも彼らの大きく鋭いカギ爪を見れば恋の失せる思いをすることだろう。指の長い霊長類の手が木登りに適しているのは明らかであるが、しかしチンパンジーはある程度以上太い木には登れないのである。[6]木に登るだけならカギ爪を発達させてもよかったわけである。

平爪を選択した理由の一つに、食性がかかわっているだろう。コアラやパンダは採食主義者であるのに対し、霊長類は食虫類以来の伝統を受けて、栄養価の高い昆虫や果実、小鳥の卵などを食べる雑食性動物である。コアラやパンダは枝を引き寄せて木の葉を食べるが、小さな物をつかんだり、果実の皮や種子を取ったりはできない。これに対し、霊長類の好む昆虫や果実、小鳥の卵は、どちらかといえば小さく、しかも枝を手荒に引き寄せたのでは木から落ちてしまう性質のものであり、口に入れる前に皮をむいたり、羽根を取るなどしなければならないものが多い。

4　霊長類の手型化

これまでニホンザルを念頭に置いて手型動物を考えてきたが、霊長類といっても、人類を含めて一二科、六二属、約二〇〇種がいる。原猿類（原猿亜目）、サル類（オナガザル類）、類人猿（ヒト上科）、人類（ヒト科）の四つの分類群について、仕事に使う身体部位を見てみよう（表2）。

表2　霊長類の手型化傾向

	原猿類	サル類	類人猿	人類
発　声	○	○	○	○★
咀　嚼	○	○	○	○★
攻　撃	○★	○★	★○▲	★▲
採　食	○★	★○	★	★
運　搬	○★	★○	★	★
育　児	○★	★	★	★
身体清掃	○★	★	★	★
グルーミング	○★	★	★	★
移　動	★▲	★▲	★▲	▲

○:口　★:手　▲:足

キツネザルやメガネザルなどの原猿類は、サルになりそこねたサルともいわれている。新生代の初期にこの仲間がヨーロッパ、北米大陸に広く分布していたが、今は真猿類（原猿類以外の高等霊長類）のいないマダガスカル島や、あるいは夜の熱帯森林に隠れるように暮らすのみである。原猿類には多くの動物がおり、体型や行動の変異も大きいが、比較的長い口吻を持ち、採食や身体清掃、子どもの運搬に口を使う傾向は原猿類に顕著である。行動に使う身体部位の大まかな比較をしたのでは、原猿類とリスやネコとの間に大きな違いはあらわれない。

サル類になると、子どもを舌でなめ

たり、口で運ぶことはせず、食べ物に直接口をつけることもほとんどしない。大きな餌などは、ときに手で運ぶが、同時に、たとえばニホンザルは頬袋に食べ物をしまっておくことができる。

類人猿に頬袋はない。口での運搬は、われわれがタバコや鉛筆をくわえる程度にしかしない。彼らの手は強力な武器である。サル類は、威嚇するとき口を大きく開けて「噛みつくぞ」というサインを送るが、ゴリラやチンパンジーは人間と同じく、肩をいからせ腕をかまえて腕力の強さを誇示するのである。チンパンジーは噛みついて相手に傷を負わすことも多いようであるが、また足で蹴ることもある。彼らの目はすでに足までを視野に入れて視覚的にコントロールすることができるのである。

さて人類の口は、ほとんど咀嚼と発声に使われるだけである。しかし、食物を調理したり、手で楽器を鳴らすことを考えれば、それらさえ手の助けを借りていることになる。

二足歩行によって、人類には歩いている時にも手の使える条件が生まれた。そのことが最も大きな効果をもたらす仕事は運搬である。考えてみれば、キツネやハイエナ、ウシなどの口型動物が、大きな獲物を口にくわえ、あるいは、肉や草を胃袋に詰め込んで運ぶのと比べればサルや類人猿の運搬能力は、ずいぶんと劣っている。サルやチンパンジーは、食べ物などを手に持ち二足で歩くが、その速度と距離はわずかなものであり、普通はアリ釣りの棒や食べ物をせいぜい数百メートル運ぶ程度であろう。人類が二足歩行によって得た最大の効果は、サルや類人猿が全くおよばない高い運搬能力を持ったことにある。高い運搬能力こそ人類を手型動物の頂点に立たしめた最も重要な要素であろう。

人類の道具使用は高い運搬能力を前提にしている。このことによって、人類の道具使用は他の霊長類の道具使用の水準をはるかに越えたものになった。野生チンパンジーの道具使用が明らかになるにつれ、道具を使う者、作る者として人類を定義することが苦しくなったが、たえず携帯される道具、あるいは、高い運搬能力を前提にして使用される道具は、ただ人類だけが持てるものである。

野生チンパンジーがアブラヤシの堅い実を割るのに石を使うことがあるが、それに使う小石と大石のセットがアブラヤシの木の真下にあったということである[7]。使用によって中央部がくぼんだこの道具を人類が使ったものと形態的に区別することはできないだろうし、実を割るときの動作も全く同じである。しかし、これがいかにも類人猿の道具使用であるのは、それが実のなる木の下でおこなわれたことに示されているだろう。彼らはアブラヤシの実を、あるいは道具を遠くには運ばないのである。

人類が、人類的な道具使用をいつから始めたのかが問題である。人類が最初に持ち歩いた道具は、木の棒や石であっただろう。だがそれを遺物として確認するのは不可能である。一方、二〇〇万年よりも古い最古の石器が、すでに高い運搬能力を前提に使われた道具であったことは、石材が遠くから運ばれていることからも明らかである(8)。

当然のこととして、携帯された道具の出現はこれよりもさらに古い。人類的な道具の出現期は、論理的な枠組において理解する他はない。たえず道具を携帯しうる高い運搬能力を持った時点で、すなわち恒常的な二足歩行の始まりをもって、人類的な道具使用が始まったと理解しておくべきである。すなわち、人類が手型動物の頂点に立つということは、人類的な道具使用の始まりをも意味するのである。

樹上生活で発達した手型の傾向は、数千万年を隔て、再び地上に降りることによってその頂点に達する。つぎに、人類の祖先を含めたヒト上科のレベルで生活形を考え、人類出現の背景について述べる。

5　二足歩行と視線

サルやチンパンジーは食べ物を運んだり、視界を広げ、高い所に手をのばすといった時に二足で立ち上がる。このような場面を人類の二足歩行の起源モデルとするなら、人類はいかなる目的で二足歩行を始めたのかを問うことになる。二足歩行の起源に関するこれまでの仮説は、ほとんどこの方向から答えられたものである。

だが実は、霊長類はこれとは異なる状況においても二足で歩く。テナガザル類やクモザル類は、ほとんど地上に降りない樹上生活者であるにもかかわらず、地上に降りれば二足で歩く。彼らは手型化の程度において、人類の祖先となった動物に近い動物であり、したがって、彼らを二足で歩かしめたのと同じ要因が人類の二足歩行の起源にも関与していたと考えるのはむしろ当然であろう。そうであるなら、それがいかなる要因か、あるいは、その要因が人類の二足歩行の起源において果たしたかもしれない役割を評価しておく必要があるだろう。

大型類人猿は地上では四足歩行をするが、このとき手のひらを地面に着けるのではなく、指の背面を着けてナックル・ウォーキングをする。ナックル・ウォーキングと長い腕、相対的に短い後肢とによって、大型類人猿が歩くときの上体は立ち上がっており、そして小型類人猿は体幹を垂直にして二足で歩くのである。

地上を歩くときは前方の水平方向に視線を向けていなければならない。したがって、歩行時の体幹の傾斜角は体幹と視線との角度によっても規定される。つまり、視線と体幹の方向とが直角なら体軸は垂直でなければならず、平行であるなら体軸は水平でなくてはならない。手型化の過程において視線が腹側へ回転してゆくことを指摘したが、そうであれば、視線が直角にまで回転したために地上に降りれば二足歩行をせざるをえないということがあってもおかしくない。小型類人猿やクモザル類の地上での二足歩行はこのように理解することができるのである。

もっとも首にはかなりの可動性がある。私の首は体幹を固定して上下に九〇度ほど動くし、眼球を動かして視線の方向を変えられる。しかし、長い時間、楽に保てる首と眼球の角度は、かなり狭い範囲におさまっていると思う。首や目をその範囲の外に固定しておくことは苦痛であり、しかも平衡感覚を不安定にさせることは、しばしば体験することである。

このような事情は類人猿でも同じであろう。このことをふまえ、そして彼らの歩行姿勢を見れば、小型類人猿が安定して保てる視線の角度は体幹に対してほぼ直角であり、大型類人猿では、サル類よりも角度は大きいものの直角までにはなっていないのである。大型類人猿が上体を起こすようにして、ナックル・ウォーキングという変わった歩き方をするのは、彼らの視線の方向が体幹に平行でもなく直角でもないその中間にあることに合わせた歩行様式なのであり、テナガザル類と人類は視線が直角方向を向いており、それ故、直立で二足歩行するのだと考えるのである。

二足歩行とナックル・ウォーキングについて、体幹と視線の角度の重要性に注目した。すると、もし、人類の祖先が人類以前の段階において、すでに視線を直角にまで回転させていたとすれば、テナガザル類のように、地上に降りればただちに二足歩行を始めた可能性もあるわけである。しかし、二足歩行以前の祖先を推測させる化石はなく、化石を証拠にしてこれを推定する道はない。だがすでにわれわれは、大型類人猿と小型類人猿において視線の角度が異なることを見てきた。その意味を理解して推理の手掛かりにしよう。

小型類人猿とクモザル類は、樹上では、手で木にぶらさがり、枝から枝へと飛ぶように渡れる優れたブラキエータ（腕渡りをする動物）である。このとき、体幹は垂直に、視線はほぼ水平にたもたれる。木の枝に降り立つときは、足と枝の位置を見ながら、まず足を下ろすのである。手を見る方向に回転し始めた視線は、さらに足までを視覚的にコントロールすることになる。足の見えることが二足歩行の重要な条件であることはいうまでもない。すぐれたブラキエータであることと視線が直角にまで回転することとの関連は明らかである。そして、腕渡りのとき、彼らは片方の手に全体重をかけて跳躍する。もしも彼らが軽量でないなら、木の枝も腕もその荷重に耐えられない。すなわち、すぐれたブラキエータは小型軽量でなくてはならないのである。

大型類人猿は手と足で枝をつかみながら木に登り、地上にもよく降りる。ただ大きなゴリラはほとんど木に登らない。彼らは、腕渡りに熟練する前に大型化してしまったか、あるいは、熟練するには大きすぎたのであろう。

小型であることが優れたブラキエータの条件であり、大型であれば不完全なブラキエータにしかなれず、そして視線の回転も直角にまでは回転しない。このことをヒト上科動物の一般的傾向と認めるなら、地上に適応する前の人類の祖先の視線の角度は、彼らの体の大きさによって見当をつけることができよう。その動物が大型類人猿ほどの大きさなら、すぐれたブラキエータではありえず、したがって地上に降りればまずナックル・ウォーキングで歩いただろうし、また、小型類人猿の大きさなら地上では直ちに二足で歩いたと考えることができる。だが実際はそう簡単ではない。というのは、ヒト科の祖先は、大型類人猿にも小型類人猿にも入らない、その中間的な大

表3　類人猿の生活形

	大型類人猿	小型類人猿
樹　　上	・不完全なブラキエータ	・優れたブラキエータ
地　　上	・ナックル・ウォーキング ・地上の行動が多い	・二足歩行 ・地上にはほとんど降りない
視線の角度	・浅い	・直角
体　　重	・40kg 程度以上	・12kg 以下

きさの動物であった可能性が強いからである。

古いヒト科の化石資料はわずかしか知られておらず、その系統的関係についても一致した見解のあるわけでもない。だが初期のメンバーである「きゃしゃな猿人」（*Australopithecus africanus*）と「がんじょうな猿人」（*A. robustus*）のうち、きゃしゃな猿人が、――それがわれわれの直接の祖先かどうかはともかく――ヒト科動物の古いタイプにより近いと見ることについては異論のないところであろう。

「きゃしゃな猿人」の大きさの推定値は、身長一二〇センチメートル、体重二〇キログラムとするものから一三八センチメートル、四〇キログラムとするものまで幅があるが[9]、その後の人類に比べて小さいことは確かである。また、ヨハンソン等が「きゃしゃな猿人」とホモ属の共通祖先と考えているアファレンシス猿人（*A. afarensis*）化石のうち、ルーシーと呼ばれる女性個体はさらに小さく、身長は一一五ないし一三〇センチメートルと推定されている。(10) しかも、これらの化石人類の足の形態は、はっきりした二足歩行の特徴を持っており、彼らが二足歩行を始めてからすでに相当の時間が経過していると考えなくてはならない。

したがって、人類進化における大型化の傾向を、逆にアファレンシス猿人以前にたどれば、樹上生活から二足歩行へと移行しはじめたヒト科の祖先は、さらに小型であった可能性が高い。すなわち彼らは、現生大型類人猿（四〇キログラム程度以上）よりも小さな、中型類人猿というべき動物だったと考えられるのである。

われわれは中型類人猿とすべき動物を見たことがない。しかし、それがヒト科の祖型と予想されるなら、この動物の姿を想像しておくことは重要である。すでに述べた大型、小型類人猿の特徴を表3に示したが、中型類人猿は、これらの中間的特徴を持っていたと予想するのが、今のところ可能な唯一の道である。彼らの視線の角度は、大型類人猿よりも深いが、直角にまでは回転していなかったであろう。テナガザル類より地上に降りることが多く、彼らほど優れたブラキエータでもない。地上の歩行様式はどう考えればよいのだろう。ナックル・ウォーキングでも二足歩行でもぎごちないのであるから、結局、かなりしばしば二足で歩き、ときにナックル・ウォーキングもすると考えておくより他はない。いずれにせよ、ヒト科の祖先は、現生大型類人猿よりもさらに二足歩行に移行し易い体型であった可能性が高いことになる。

6 ホミニゼーションの背景

さて、中型類人猿というべき人類の祖先が地上に降り、二足で歩き、道具を携帯することになる。人類の祖先は、中新世以来の乾燥化による森林の後退を背景に地上に降りることが多くなり、そして地上生活に適応する過程で――肉食獣に対抗するために、子どもや食料、道具を運ぶために、あるいは草原で歩くために――二足歩行や道具使用が始まる、というのがこれまでの大方の説明であった。[11] だが手型動物発達史という枠組からすればこの説明には受け入れ難いところがある。

まず、説明の骨子となっている「地上に降りることが手型化をいっそう促進する」という論理が、われわれの知っている事実にてらして納得し難い。人類以外にも、ゴリラやゲラダヒヒ、サバンナモンキーなどはほとんど地上で生活するし、チンパンジーやニホンザルも地上にいることが多い。だが、これら地上で生活する霊長類が、樹上に住むものよりもいっそう手型化しているとは考えられないのである。そもそも、樹上生活こそ手型化を促進した背景であったことからすれば、地上に降りることが手型化を促進するという説明は成立し難いことである。樹上生活をすて、しかもいっそう手型化するという、手型動物の頂点に立つことのパラドックス的展開には、それなりの納得できる説明がなければならないだろう。

また、森林の後退が人類の祖先を疎林やサバンナに追いやったというなら、他の類人猿も同じ経験を経たはずである。だが彼らは、今も豊かな森のなかで飢えることなどほとんどなく暮らしている。なのに、なぜ人類の祖先だけが、道具をかつぎ、汗を流して根っこを掘り、狩に励み、あるいは肉食獣におびえ、武装までして森を出なければならなかったのか。人類の祖先はこのような生活を好んで始めるほど苦労好きな動物であったというのだろうか。

地上適応によるホミニゼーションの説明は、地上生活が道具を使用しなければならないほど困難なことであったという前提を置いているが、これも問題であろう。多くの霊長類が、人類化することなく地上で生活していることを考えてみるべきであるし、人類が地上生活を始めたとしても、なにも木に登れなくなったわけではない。果実を取ったり、肉食獣に追われて木の上に逃れることなら現代人でもできるし、まして初期人類ならなおさらのことである。とすれば、全くの草原に放り出されたのでもないかぎり、地上に降りたからといって、そのために道具を使って狩をすることも、地下の植物を掘ることも、肉食獣に対抗するための武器を持つ必然性もでてこない。

中新世以来の乾燥化はいわばすべての霊長類が経験したことであり、また地上へ進出した霊長類も多くいた。だが、人類化したのはただヒト科のみである。乾燥化や地上への進出がホミニゼーションの背景にあったとしても、それだけで人類の出現を説明することはできないだろう。人類の出現という場面には、人類の祖先のみにホミニゼーションを迫る背景があったはずである。そのひとつはすでに述べたように、人類の祖先が中型類人猿というべき、すでに高度な手型動物であったことであり、そして第二に、彼らの中型類人猿が置かれていた霊長類社会における歴史的背景が考察されなければならない。

人類の祖先は、中型類人猿とすべき動物であった。だが、少なくともオーストラロピテクス属の出現以降現在まで、このような大きさの類人猿が地球上に棲んでいた証拠はない。小型類人猿で最も大きなフクロテナガザルの体重は約一二キログラム、ほかはいずれも五〜六キログラムであり、そして、大型類人猿では最も小さいピグミー・チンパンジーは四〇キログラムほどである。体重一〇キログラムから三〇キログラムという、哺乳動物としてはごくありふれた大きさの類人猿がいないのである。

だが現生霊長類全体をみれば事情は異なる。旧大陸の熱帯から温帯にかけて広く分布するヒヒやマカク、グエノンなどの大型オナガザル類が類人猿グループに欠けているこの大きさを占めている。これを単なる偶然と見なしてよいものだろうか。彼らは互いに体の大きさを分けあうことによって、霊長類社会の秩序維持を容易にしているのではあるまいか。強い腕力を持つ大型類人猿にとってオナガザル類は脅威ではなく、小型類人猿は、軽業師的なブラキエーションによって、オナガザル類にはおよびもつかない樹上移動能力を誇っている。大型類人猿が近づけばオナガザルは道をゆずり、小型類人猿はオナガザルを恐れることはない。オナガザル類は大型類人猿を避け、小型類人猿にかまうことを諦めている。霊長類社会のこうしたルールによって、現生類人猿とオナガザルたちは旧大陸に共存してきたのであろう。

だがここに、テナガザルの身軽さもなく、チンパンジーほどの腕力もない中型類人猿がいれば、彼らとオナガザル類の大型種との関係は微妙にならざるをえない。両者はともに樹上と地上にまたがって生活し、樹上でも地上でも同じ程度の行動力を持ち、そして同じような食物を求めたであろう。そしてなによりも、今では中型類人猿がいないという事実がある。

類人猿とオナガザル類はメガネザル的な、ネコほどの大きさの祖先から分化し、漸新世（三四〇〇万〜二五〇〇万年前）にそれぞれの形態的特徴を備えてくる。[12] そして、次の中新世（二五〇〇万〜六〇〇〇万年前）に、まず適応放散して繁栄したのは類人猿のグループであった。このとき彼らは、テナガザルほどの小さな動物からゴリラほどまでの、さまざまな大きさの多くの種類に分化していた。[13] そして、発見される類人猿化石の量もオナガザル類の化石よりはるかに多い。中新世の化石産地として名高いエジプトのファユムで発見された化石の比率は、類人猿の二〇に対してオナガザル類はわずか一である。これについてサイモンズは「中新世アフリカには、オナガザル類はわずかな種類しかいず、ウマ科やクマ科と同様に、彼らの適応放散はまだ起こっていなかった」可能性が最も高いと述べている。[14]

オナガザル類が分化し、ヒヒやマカク、グエノンなどの大型種が現われるのは、中新生後期から鮮新世（六〇〇万〜二〇〇万年前）のことである。オナガザル類はその後も繁栄し続け、現在では、一五属、約六〇種が旧世界の熱帯と温帯、あるいは森林から草原、サバンナにまで広く分布しているのに対し、類人猿は五属一二種が熱帯の森林にむしろ細々と分布しているのみである。中新世以後の霊長類社会の歴史には、オナガザル類の繁栄と類人猿の衰退という大きな流れがあり、その流れのなかで中型類人猿は地球上から姿を消したことになる。旧世界における霊長類の二つの勢力は、大型化したオナガザル類と中型類人猿との間で最も激しくぶつかりあい、そのなかで中型類人猿はもはや生き続けることができなかったのであろう。

霊長類社会のこのような状況を背景にして中型類人猿が人類になったのである。予想しうるストーリーは多くない。おそらく、中型類人猿は棒を振り回し、石を投げることが、大型化してきたオナガザルたちを追い散らすのに効果のあることをしばしば経験したにちがいない。ニホンザルは石を投げれば驚いて一目散に逃げるし、エチオピアの高原では、一人の小さな少年が、石を投げ、棒を振り回して一〇〇頭ものゲラダヒヒの群れを畑から追い散らしている。石を投げる中型類人猿をオナガザル類が避けたことは十分予想しうる。チンパンジーもヒヒに対して石や棒を投げることがあるが、しかし彼の場合は、オナガザル類の大型種に対してすでに体力的にも優位に立った上でのことであり、投石もいわば気まぐれにしかおこなわない。

だがより小さな中型類人猿にとって、このことははるかに重要な意味を持ったにちがいない。そして、大型類人猿の場合とちがい、中型類人猿が大型化してきたオナガザルに対して優位性を保ち続けるためには、エチオピアの少年のように、たえず棒や石を持っていなければならない。そのためには、手がいつも自由でなければならず、樹上にいることはむずかしい。地上に降りて二足で歩き、棒や石を持ち運ぶしかないのである。そうすることによってこそ両者の関係をルール化しうる。すなわち、中型類人猿は、人類化することによって、大型化してきたオナガザルとの共存ルールを確立し、この世界に生きのびたのだと考えられるのである。

棒や石を持ち歩くことは、対オナガザル類との関係のみならず、他の動物との関係をも変化させたであろう。ゴリラが、大きな自分の体を見せれば他の動物が恐れをなして逃げることを知っているように、棒や石を持ち歩き、振り回すことが、他の動物との関係を変化させることを彼らも知ったにちがいない。すなわち、ゴリラが体の大きいことを自身のアイデンティティーの重要な要件としているように、棒や石は、彼ら自身のアイデンティティーの重要な構成要素となっただろう。西田利貞はチンパンジーの道具使用行動が、どちらかといえば、レジャー的文脈で起こると述べているが[15]、初期人類の人類的な道具使用は、チンパンジーの道具使用とはいささか異なり、より切実な要請を背景にして出現したことになる。

さて、棒や石を持ち、地上を二足で歩く中型類人猿は、すでに身体と道具の複合体であり、人類であり、霊長類としての存在様式を超えている。その後の、道具を持つことによって展開する人類史を、ここで述べた手型動物発達史という枠組のなかで考えることはもはやふさわしくない。人類史を生活形の視点から見ることは可能であるとしても、そのためには、また別の枠組を用意しなければならないということである。ただ、その後の人類史において、脳が大きくなったこと（大脳化現象）については、手型動物の頂点に立ったこととの関係で理解しておく必要がある。

人類が大きな脳を持ちえたことの古典的説明に、直立二足歩行によって頭蓋が下から支えられることになり、これを横から支える四足獣よりも重い頭を支えやすい、という理解があった。このような力学モデルによる説明が全くの誤りであることは明らかである。たとえば、シカの角は、重いといっても一・五キログラム程度しかない人類の脳よりはるかに重い。重い脳を支えるだけのことなら、四足獣でもできるのである。だが、口型動物の口は、万能の道具であるために、たえず、時には激しく振り動かさなくてはならない。そして、口と脳は、頭蓋という一つの箱に収まっているという事情がある。彼らの脳が重ければ、口を振り動かすのに不利であろう。さらに、脳の組織は他のどの器官よりもやわらかく、壊れやすく、しかもわずかな血流の停止によっても機能を失ってしまうことがある。頭蓋が振動すれば脳は圧迫されて血流がとまり、意識を失うのである。脳が大きくなるほど、意識を失いやすく、損傷しやすい。口型動物が脳を大きくすれば、口を使うのに不利なばかりか、生命をも危険にさらすことになるだろう。

すでに示したように、手型動物の頂点に立つ人類の頭蓋は激しい動きの必要な仕事をなに一つしない。脳の大型化は手型化に並行する現象であったが、手型動物の頂点に立つことが、脳を類人猿の水準よりさらに大きくしうる条件を用意したのである。口が機能を失うことによって、頭蓋はこわれ易い「大きな脳の容器」という機能をもはたせるようになったのである。また、道具を持つことによって変化する環境との新たな関係に対応して、知的能力を発揮する場面が増加したこともあるだろう。

すでにわれわれの脳は、日常生活でおこるささいな事故によっても意識を失い、損傷するほどに大きくなっている。これ以上さらに大きくなれば、その危険性はいっそう増加するだろう。人類の出現以来大きくなり続けてきた脳は、およそ一〇万年前のネアンデルタール人段階以後ほとんど変化していないし、むしろ小型化したとも言われる。これについてブレースは、文化的水準があるていど以上高くなれば、それ以上知能が良くなる利点はあまりないのだ、と説明しているが、そんなにまわりくどく考えるより、人類が歩き、走る動物であるかぎり、これ以上脳は大きくできないのだと理解しておくべきであろう。

＊

この章では脊椎動物の生活形から人類前史を概観してきた。数億年におよぶ脊椎動物の進化の過程で出現した動物を比較し、そこに一貫した手型化の傾向を認め、人類がその頂点に立っていることを述べた。手型化の傾向は、大きく見れば水中生活から陸上へ、さらに樹上への生活圏の拡大に並行する現象である。

哺乳動物は、小型原始哺乳類の段階で、すでにそれまでの脊椎動物以上に手型化していた。そこから、樹上に進出していっそう手型化した動物と、地上や水中生活に適応して口型化した動物とがあった。霊長類は前者の最も有力な成功者である。手型動物発達史というべき霊長類の進化において、手は仕事を増加させ、視覚的にコントロールされ、中枢神経系は再編されて大型化する。口の機能の減少は、脳の大型化を可能にした。これら一連の変化は、樹上生活との関連において理解しうる現象であった。だが、人類は、再び地上に降りることによって手型動物の頂点に立った。

人類出現のこれまでの仮説の多くは、気候変化によって人類の祖先は森を追われ、そして、地上生活に適応するために道具使用や二足歩行を始めたのだ、と説明してきた。だが霊長類のなかには人類以外にも地上で生活する動物がいる。しかし、だからといって、これら地上で生活する動物が、樹上にすむサル類や類人猿の水準以上に手型化しているわけではない。人類出現のこれまでの説明が不十分と考えたのはこのためであった。

類人猿の手型化の水準はすでに高い。彼らの水準以上の手型化は、もはや道具の効果的な使用によってしか達成できない水準にある。チンパンジーは道具を使用する。ただ、チンパンジーの道具使用は、彼の限られた運搬能力に見合った類人猿の道具使用の水準にとどまっているのである。人類における効果的な道具使用は、二足歩行による高い運搬能力によるものである。このことからすれば、人類出現の鍵は、人類の祖先のみが、たえず道具を持ち歩かなければならなかった状況にある。

漸新世以後に適応放散し大型化してきたオナガザル類の出現は、すでに大小さまざまな種に分化していた類人猿の社会に大きな混乱を生じさせ、類人猿のグループはしだいに衰退し、中型類人猿は姿を消した。人類は霊長類社会のこのような変動のなかで誕生した。人類の祖先が、中型類人猿とすべき大きさの動物であったことを考えれば、人類誕生の背景として、大型化してきたオナガザル類との社会的関係はなによりも重視されるべきである。人類は、たえず棒や石を持ち歩くことによって、大型化してきたオナガザル類との共存に成功し、生き残ることのできた中型類人猿の子孫である。

第十章　家族・分配・言語の出現

家族、分配、言語の使用は人類社会を特徴づけるきわめて重要な要素である。人類社会の歴史をたどろうとするなら、これらの起源は、避けて通ることのできない問題であるが、しかし、答えるのはすこぶる困難である。

第一に、人類社会のこういった側面を考古学的な証拠にもとづいて議論することがほとんど不可能なことがある。定型的な石器を作り、その伝統が維持されるには言語による技術伝達が必要と考えて、たとえば、アシュール文化の石器が出現したときには言語が成立していただろうと説明されることがある。しかし、いわゆる職人の修業では、弟子は言葉を介して技術を学ぶより、師匠の手の動きを見て、まねることを要求されるということがある。そのようにして、石器を作るよりもさらに高度な技術が伝達されうることからすれば、定型石器をもって言語の存在を予想するということの妥当性もにわかには信じがたいし、またそれは言語が出現した状況を説明するものでもない。

また、人類が狩猟を始めたことを分配や家族、言語発達の背景として重視することもある。しかし、たとえばブッシュマンは集団猟のときでも、むしろ無言で手でサインを交わすし、チンパンジーは狩をするが言葉も家族も持たない。

ただ、獲物をとったチンパンジーがその肉を独占して食べることはむずかしいようである。たとえ結果的にせよ、肉を分けあうことは、ライオンやハイエナなど、群れで暮らす大型肉食獣にも普通に見られることである。彼らの狩の獲物は独占するには大きすぎるということがあるのだろう。このことからすれば、大型獣を食べた考古学的痕跡をもって分配があったことの証拠と解釈することもできる。

現生霊長類や現在の狩猟採集民について、言葉や食べ物、あるいは性のやりとりを通じた彼らの社会関係について蓄積された研究をもとに、人類社会の出現を考察することもできよう。

ピグミー・チンパンジーが、食べ物の分配と頻繁な性的行動を媒介にして、集合的な彼らの社会関係をさまざまに調節していることの発見(1)は、人類の社会もまた基本的には性や食べ物といった価値の交換を通じて社会関係を調節していることからして、原初的な人類社会を予想するのに重要な示唆を与える。また、ピグミーやブッシュマンなど、熱帯アフリカの狩猟採集民の社会では、キャンプ成員の社会関係を維持するのに、単なる経済的必要性を越えて、さまざまな価値が過剰に交換されることが明らかにされてきた。ハチ蜜を採集してきたピグミーは、すでにより多くの蜜を持っている人にもさらに蜜を分配するという。(2) 彼らはなぜそれほど価値の相互交換にこだわるのであろうか。

ただ、今に生きる狩猟民や霊長類が過去の歴史の上に立って存在していることは確かとしても、しかし、だからといって過去がそこにあるわけではない。両者を比較することから人類社会の成立過程を再構成するにしても、そこには容易に越すことのできない大きな溝のあることもまた明らかであり、その過程を時代的に限定することはさらに困難である。

たしかに、この問題を正面切って議論するにはわれわれの知識と手掛かりはあまりにも貧弱である。だがここで、私はあえてその限界を越えてみたい。

言語や分配、家族といったことがらが、人類社会にとって基本的に重要な要素であるとすれば、その起源を問うことなしに人類史を考察する作業は一歩も前に進まないと考えるからである。旧石器時代から新石器時代へ、あるいはオーストラロピテクス属からホモ属へと、石器や、人類形質の変化が明らかにされたとしても、それらの時期に家族や言語使用があったのかなかったのかについてなんの見解をもつこともなく、ただ時代の諸遺物の属性を提示したとしても、それは人類の歴史を研究することからはほど遠い。それらの研究は、歴史的な諸遺物についての研究ではあるとしても、人類の歴史を研究していることにはならないと思うのである。

すでに縄文時代の家族や分業ということに触れた論文は何百もあるだろうが、もしも厳密に問うならば、この時期に家族や分配や言語の使用があったことを示す確実な考古学的証拠の一つもあるわけではない。ただこの時代の諸遺物がわれわれにとってそれほど異質なものではないことから、直感的にその存在を予想しているだけのことである。先史時代の研究における実証性を重んじた科学的な態度を強調したとしても、その一方で、より重要な問題については、あいまいな妥協を重ねていることになるだろう。

証拠が不十分であるために、答えたくとも答ええないのだということにも一理はあるのだろう。近代科学の名のもとに、あるいは細分化された小さな学問領域のもとに、思考する範囲をいちじるしく狭く限定しているわれわれの性向からすれば、そのような態度こそ望まれるのだろうが、その代償としてわれわれは先史時代の歴史を喪失することになった。

先史時代という呼び方がすでに歴史を語ることのない時代を意味している。だがこの時代にこそ、ヒトがヒトとなり、家族や言語を獲得して、そしてわれわれが生まれたのである。われわれはいま、自分の誕生のありさまを語ってくれる歴史を持たず、その歴史を語ることに責任を持つ学問を持たない。先史時代の人類史を考察することが科学的な手続きのおよぶ範囲を越えるというのなら、もとより歴史現象は科学のおよぶ範囲を越えた現象といわざるをえない。

私は、縄文時代よりもはるかに古い時代から、人類社会には、家族や分配や言語の使用があったのだと考えている。そのように考えている理由をここで述べるが、もとより確かな事実といったものは得難いことなので、これがただ一つの解答であるとは思わない。この推論の誤りが指摘され、さらに納得しやすい解釈が提示されるなら、喜んでそちらに寝返らなくてはならないだろう。そのような手続きを何度も繰り返すことが歴史を研究する唯一の手法である。確かな証拠がないから思考もしないという態度から生まれるものは何もない。

人びとはそれでも語ってきた。ただ、家族、分配、言語の起源について提出された仮説の多くは、人類社会がこれらの文化要素を備えることで、自然環境に立ち向かう能力を大きく高めた、ということを推論の前提にし、それをまた原因とも考えてこの過程を説明してきたのである。性による分業と分配が、より多くの種類の食料獲得や、無力な幼児の保護を可能にし、言語による情報交換が外界に対する適応能力をさらに高める。人類はそのためにこそこれらの文化要素を獲得してきたのだというわけである。

人類が地球上のさまざまな環境に進出していることからすれば、環境への適応能力の高いことは明らかであるし、それが人類社会のこれらの特性によって保証されてきたことを認めるにやぶさかではない。だが、こういった適応万能主義とでもいうべき進化史観が世に満ちている現状をみると、私は、やはり一矢を射ておくべきではないかと思うのである。

前章において、人類が道具を持ち歩いたことを、霊長類社会の内部構造を背景に考察したのであるが、ここで注目したいのは、棒や石を常に持ち歩くことになったことが人類社会の内におよぼした影響である。適応万能主義は、外への適応手段が、じつは同時に社会の内にたいしても大きく作用することについて配慮を欠いている。外への適応能力を高める手段が、社会の内に重大な影響をもたらすことは、ダイナマイトを発明したノーベルの苦悩を思うまでもなく、今日の人類社会にいくらでも実例を見ることができるし、それが社会構造を変化させる強大な力を発揮するのである。

外への適応は内への悩みをもたらし、内への適応は外への悩みをうむ。社会はそういったバランスの上に揺れ動く。人類社会の基本的な特徴が、外への適応手段として発達したとのみ考える適応万能主義の視野の狭さを理解されるであろう。

1　危険な社会

棒や石をいつも持ち歩くことによって、大型化してきたオナガザルとの共存の道を拓いた中型類人猿が人類になった、ということからこの話が始まる。棒や石を持つことが、霊長類社会のなかに生きる人類の生存を保障したのであるが、しかし、この棒や石は、オナガザルや狩の獲物に対してだけ有効に働くというものではなく、人類社会の他の成員との争いにおいてもただちに強力な武器となるものである。

霊長類の社会に限らず、いかなる社会にあっても争いはつきものである。しかし、同種個体がけんかをするとしても、それによって、あっけなくどちらかが死んでしまうということはふつうはない。そんなことが頻繁であれば種の生命もまたあっけなく絶たれてしまう。ウマやウサギのように強力な武器を持たない動物にはおそらくこんな心配も少ないだろうが、するどい角や爪、牙を持つ動物にとっては重大な問題である。

彼らは、自身の持つ武器が、種内の社会において暴走することのないようさまざまな安全装置を備えなくてはならない。クマやヒョウなどのように、生涯のほとんどの時間を単独で生活するというのは最も簡単で確実な安全装置である。だが人類はそうした社会を選択しなかった。また、ウシやシカなどは、その角で胸や腹を突けば相手を殺すこともできるであろうが、しかし彼らの闘争では、互いに角を組み合わせて押し合いをするが、いきなり相手の横腹を突くということはしないようである。彼らは、戦いの方法を形式化することによって安全を確保しているのである。

強力なあごをもつブチハイエナは、オナガザルや類人猿の群れほど安定していないが、明確なテリトリーとメンバーから構成された群れを作る。(3) 彼らは、異なる群れ間の攻撃では深い傷を負ったり、殺されたり、さらには食べられたりすることがある。それに対して、群れ内のメンバーに対する攻撃衝動は強く抑制されており、殺した獲物を集まって食べるときにも争いは驚くほど少なく、同じ群れの個体間での攻撃で傷つくことはほとんどないということである。

彼らは互いに認知し合ったあるていど排他的な群れを作り、新しい個体の群れへの加入には時間のかかる手続きが必要である。ある個体が他の群れに接近し始め、加入に成功するまでに何ヵ月もかかったということや、コミュニケーションのためのさまざまなしぐさを持ち、同じ群れの個体が出会った時には、出会いの儀式・挨拶行動がみられるといったことなどは、こういった群れ社会に普通のことであり、ニホンザルやチンパンジーなどの霊長類社会にも共通している。

さて、高等霊長類のほとんどが群れ型の社会を持ち、人類もまた人類以前から群れ社会に生きていたにちがいない。ヒト以外の霊長類は、かなり大きな牙を持っており、それを使えばかなり危険な武器となる。しかし、霊長類が発達させてきた安全装置は、他の動物で見たものとはやや質の異なるもののようである。

彼らは異なる群れの間で激しく争い、深い傷を負うことがあるだけでなく、同じ群れの個体の攻撃でひどく傷つき、ときには死ぬこともある。そんな事件が頻繁に起こるわけではないにしても、霊長類社会の安全装置は、ウシのような攻撃の形式化や、ハイエナの群れ内での攻撃衝動の抑制などのように、いわば「殺せない」装置としてではなく、状況によっては「殺せる」可能性を残していることに特徴がある。

種内の殺しは、オナガザル類ではカニクイザルやラングールなどで、類人猿ではゴリラとチンパンジーで観察されている。新しくボスになったハヌマン・ラングールの雄は、その群れの雌たちの抱えている赤ん坊を殺してしまう。子どもを失った雌たちはしばらくすると発情して新しいボスと交尾する。オナガザル類の子殺しは、雄だけがするようである。

チンパンジーでは、雄も雌も子殺しに手をかし、しかも犠牲者は食べられてしまう。他の集団から移籍してきて日の浅い雌の抱える子どもが犠牲になるケースが多い。タンザニアのゴンベ国立公園の群れでは、ある雌が、同じ集団の他の雌に執拗につけねらわれ、ついにその子どもが奪われ食べられてしまうという残忍な事件が観察されている。いかにもかわいい子どもの体つきや、子に対する母の保護も、高等霊長類にあっては攻撃と殺しを阻止できるとは限らないのである。

チンパンジーの集団間の争いでは、優位な群れの雄たちが、隣りの群れの雄を殺しに出かけることがある(4)。攻撃側の雄の集団が、ふだんは行くことのない相手集団の行動域に深く侵入し、一頭の雄をつかまえて攻撃する。タンガニーカ湖東岸のゴンベとマハレのチンパンジー保護区において、数年にわたった優位集団の一方的な攻撃によってそれぞれの地域で一つずつの集団がついに消滅してしまうという事件があった。この攻撃は、たまたま隣接する群れの雄に出会って発生したというものではなく、明らかに殺しの意図を秘めておこなわれたということである。

子殺しも、集団間の雄の殺しの場合も、優位な個体や集団が攻撃するのだが、しかしこれはむしろ、勝算を確信した方が攻撃に出ると言ったほうがよいのであろう。もっとも現実には、そのような事態は多くはない。西田利貞は、雌チンパンジーによるほかの雌の赤ん坊殺しが難しいことについて、ほかの雌を攻撃すれば自分も傷つく恐れがあり、自分の赤ん坊を危険にさらすことにもなる。またその付近に大人の雄がいれば妨害される可能性があり、そういうチャンスは少ないからだ、と述べている(5)。

雌のチンパンジーは、性的には成熟して発情すると生まれた群れを離れて異なる群れに移籍するが、若い新入者は体力的に劣っており、赤ん坊を運ぶのにも慣れておらず、知り合いも少ないために、劣位におかれ、優位な他の雌たちの攻撃対象になりやすい。しかし、新入りの雌は移籍した群れのもっとも有力な雄のそばにいることが多いという。彼女は雄の保護を期待して身の安全を確保しようとするのであろう。

こうなってくるとチンパンジーたちは、たとえ群れの内にいても、社会的に孤立したり、用心をおこたれば、身が危ないことを知っているのだと想像しなくてはならない。そして攻撃側からすれば、そのような状態にある個体に対してなら、相手を激しく傷つけてしまえるということであろう。

チンパンジーの社会における安全装置が、相互に援助し合う社会関係の網目のなかに組み込まれたものであるということは、これらの事例からうかがえるし、彼らの社会における立場が、ほかの個体との社会的関係を通じて維持されることが理解できる。そして彼らは、政治的な駆引きによって、社会における自らの立場を有力なものにし、安全なものにしようとするのである(6)。

群れ内における立場が、他の個体との社会的関係を通じて維持されるということについては、たとえばニホンザルについても、リーダー雄の地位が単に体力によって決まるのではなく、その雄を支援する他個体との関係が重要な要素になっていることからも言えることである。このような原理が人類の社会においても働いていることは言うまでもない。

高等霊長類の社会における個体の安全は、社会的な関係性のバランスによって保障されるが、しかし、そのバランスが崩れれば、ときに同じ集団の個体の間でさえ、ひどく傷を受けたり死にいたる争いがおこる可能性を残している。このような社会のあり方は、高等霊長類の進化史を通じて深い伝統を持つものであろう。たとえ初期人類の社会が、現生類人猿の社会とは異なっているとしても、個体の安全がこのような社会関係のバランスによって維持される社会であったことは予想しておかなくてはならない。

このような社会にあっては、社会関係のバランスの崩れた状態において、むきだしにされた攻撃行動のおこることを忘れてはならない。しかも、とくに知的能力の高い類人猿にあっては、すでに述べたように、攻撃する意図が数年にもわたる長い時間持続することがあった。彼らの行動は、いま目の前にある食べ物をめぐって争うといった短い時間のなかで完結するものでもないのである。だとすれば、この社会に生きるものは、たえず相手との親和関係を確認したり、支援しあう親密な関係の維持に気を配っていなくてはならない。それをおこたれば、支援は期待できず、恨みを買い、それが激しい暴力となって噴出することになるのである。

2　争いのテーマ

さて、つぎに触れなくてはならないのは、このような社会が何をめぐって争うか、ということである。

マハレ国立公園でチンパンジーを観察している西田利貞は『野生チンパンジー観察記』のなかで、「若いメスが次々と発情し、確かに彼らは複数のオスと交尾するのだが、オスの間の関係はつねに緊張をはらんでいた」と述べている。雄の間の緊張が雌をめぐっておこることは生物の世界ではごくありふれたことであるが、類人猿の社会も、そして人類の社会もこの古典的な争いのテーマを社会の核心部に内包している。チンパンジーの社会には、個体間に優劣関係のあることが認められているが、性をめぐる場面でそれがとくに顕著に現われる。劣位の雄は優位な雄のそばで交尾しようとすれば攻撃され、また、優位な雄は交尾可能な発情雌をそばに留めて、他の雄が交尾しないよう見張っている。

そのような雌に劣位の雄が少しでも近づこうとするなら、あたかも、「交尾する気など全くありません」といったふりをして、優位雄の了解をえておかなくてはならない。しかし、彼が本当は交尾する下心を隠していることは、優位雄が、たとえば向こうの方でおきたけんかに気をとられて走り出し、ほんの一瞬でも注意をおこたれば、まってましたとばかりに交尾をはじめることで知れてしまう。優位雄がそのことを思い出し、大急ぎで戻ってきたときには、すでに後の祭りというわけだ。

チンパンジーの高い知的能力をもってすれば、意図を隠して他人を欺くこともできるのである。他個体の意図を予想し、さらにその裏をかく。そのような社会の成員がより効果的で破壊的な武器を持つならば、それが社会に大きな恐怖の感情をまきおこすことを予想しなくてはならない。

チンパンジーは、数十頭ないし一〇〇頭ほどからなる群れ（単位集団）を作るが、発情して交尾のできる雌の数は多くない。成熟した雌であっても、二三〇日におよぶ妊娠期間や、出産後三〜四年間の授乳期間には、発情もせず交尾もしないからである。いきおい雄たちの関心は、交尾可能なわずかな数の雌に集中してしまう。

これに対して人類の女性は、妊娠期間でも授乳期間であっても男性の関心を引きつけもするし、受け入れることも可能である。このような変化は、性の対象としうる女性の比率を大幅に増加させ、男の関心を分散させ、雄間の緊張を緩和するのに効果を発揮したことだろう。人類の女性のこのような生理的変化は、社会における性をめぐる緊張緩和に動機づけられて発達したと考えることができるのである。そうであるなら、その同じ動機が人類社会を形成する場面においても働いた可能性はすこぶる高い。

しかしより高い知能を持ち、より個性的な人類の、性をめぐる緊張は、ただ性の対象が多ければ解消されるというものではないだろう。簡単に言ってしまえば、好みというものの肥大である。選べる性の相手が多くなったとしても、世間にはよくあるように、好みが少数の女性や男性に集中するといったことがあれば、依然として緊張は解消してくれないのである。

そして、もうひとつのごくありふれた争いのテーマは、食べ物をめぐる緊張である。ただ、この緊張は、食べ物が多くあり、しかもそれが分散してある場合には顕在化してこない。緊張が顕著になるのは、少数の個体だけがおいしい食べ物を持っているような場面であるが、主に果実や木の葉などを食べる類人猿には、そのようなことは実際には多くないようである。

チンパンジーは、ときには小さなサルやカモシカなどを狩り、あるいは子殺しをすることが明らかにされてきたが、そうして得られた肉は、彼らの関心の大いに集中するところとなり、しかもその肉は一口で食べてしまうには大きすぎる。肉を持つ個体は他者を避けようとしても、狩の成功は獲物の叫び声によって感づかれてしまう。肉を持つチンパンジーは、にじり寄ってくる他の個体の視線の集中を浴びることになる。

チンパンジーの社会の順位は、社会関係によって決まってくることを述べたが、このような場面では、たとえふだんは優位な個体であっても、にじり寄る劣位者に対して劣位者に特有の表情を見せてしまうことがある。肉を求めてにじり寄る多くの個体に囲まれれば、社会的な順位は、一時的にせよ逆転してしまうのである。肉を独占することによって、順位が下がれば、もはや心安らかにそれを食べ続けるのは困難である。しつこい要求におされて肉を他の個体にも渡せば、その場の敵の数は確実に減ることになる。やがて肉は追跡してきた個体の何頭かの手に渡り、持つものと持たざるものとの間の緊張のバランスはある平衡点まで移動し、安心して食べられる状況が生まれるのである。

チンパンジーにおける食べ物の結果的な分配が、食べ物の不平等によって生じた緊張を背景にしているということのような観察は、人類社会における制度的な分配の起源を考える際に、きわめて重要な出発点を与える。

彼らの社会における高い順位は、性と食べ物の占有に有利な立場をもたらすが、しかし、あまりにあからさまな独占は、ほかの個体の反発を買うことになり、高い順位までを脅かすという機序が働いて、劣位個体の欲求もそれなりに満たされることになる。利害の対立するときにも、優位者は欲求を満たすことをほどほどにしておかなくてはならないし、また、彼の周囲にいる多数の劣位者は、優位者の利益の占有を切り崩すことに知的能力の限りを注いでおり、この攻防に優位者が完全勝利することは実際上できないのである。

類人猿の社会が、性と食べ物をめぐって緊張することをみたが、しかし、彼らは、だからといってそのために、いつも争っているわけでもない。食べ物をめぐる争いがそれほど深刻になることはないし、性をめぐる争いで雄が傷つくのも、雄の順位が不安定になってやがて逆転するような、いわば群れ社会が危機をはらんでいる場合に起こるようである。安定した順位関係が保たれている状況とは、それぞれの個体が他個体との緊張した取引において、主張しうる範囲と程度、あるいは譲歩すべき臨界点についてお互いの了解が成立しているということであろう。

しかもその臨界点は、個体と個体の二者関係によって固定的に決まっているのではなく、緊張の対象によっても、気分によっても、あるいは援助し合う関係で結びついている他の個体の存在によっても影響される。そのように変幻する場において、それぞれの個体が自分の置かれた社会的な位置をわきまえ、自制して、群れ社会の安定が維持されるとすれば、そこではきわめて高度な心理能力が要求されるだろうことは容易に想像できるのである。

チンパンジーは、場の状況によって変幻する複雑な社会関係を、言語を使うことなしに、われわれからすれば、おそらく直感的ともいうべき心理能力によって対処しているのだろう。言語的な会話の手法を持たない彼らが、複雑に変化する社会的な場において、他個体との関係性を明らかな形で了解し、確認するためには、さまざまな具体的な場における力関係を、たとえ模擬的であろうとも、実際に行使するより他にない。相手と自分とが互いに妥協する臨界点は、臨界点の近くで主張をぶつけ合わせることによってのみ確認できるが、当然そこではあるていどの暴力を伴った実力行使が生じることになる。

そこにいたるまでの、ささいな葛藤については、音声やしぐさを駆使したさまざまな挨拶行動や、宥和《ゆうわ》行動、あるいは気分の表現など、もっと穏便な「会話」を交換することで、互いの了解を確認したり修正したりして、それが暴力を伴って表面化することを防いでいる。しかし、そのようにして保たれる平和的な関係をもって、緊張そのものが解消したと考えてはならないだろう。それは、彼らの社会のなかに静かに沈澱しているにすぎないのである。

性と食べ物をめぐる潜在的な緊張をかかえ、個体の安全が社会関係のバランスによって保障され、しかしそれ故に、そのバランスが崩れれば激しい争いになることもあるといったことは、人類においても、人類の近縁種たるアフリカの大型類人猿の社会にも共通する。そのことからすれば、彼らと同様な知的能力の水準にあったであろう人類の祖先となった中型類人猿の社会もまた、このような特徴を共有していたと考えてよいだろう。

そのような中型類人猿が、棒や石を持ち歩くことになった。もしもそれを武器として、優位者が劣位者を攻撃すればむろんのこと、劣位者が優位者を、雌が雄を、そして若者が大人を一撃しうる事態になれば、彼らの社会の安全を保障していた親しい個体からの援助を求める暇もなく、相手をなだめる行動をとる機会もなく、被害者はただちに死に直面しなければならない。棒や石を持ち歩くことは、類人猿の社会では有効でありえた彼らの安全保障の機構をいちじるしく無力化させてしまうだろう。この内なる危機への対処として、人類の社会にはさらに確実に安全を確保する必要が生まれた。分配や家族の形成、そして言語の使用を、私は、道具を持ち歩くことによって生じたこの危機をなんとか回避しようとした人類社会の解答であったと推察するのである。

3　分配と家族

分配と家族は、いわば同じ根からでた二つの表現である。だがそれは家族が、特定の男女間で交わされる物の分配関係をきずなにして出現した、と考えてのことではない。そうではなくて家族は、複数の男女からなる社会集団の内部において、それぞれの男、あるいは女に、性関係を許す特定の異性を「分配」することによって成立した、と理解してのことである。

萌芽的ではあったが、価値あるものを分配することによって、それをめぐる緊張を緩和することは、すでに類人猿の行動にも発現している。だが類人猿の優位な雄は、交尾可能な雌を占有する傾向を持ち、性の相手を劣位な雄に分配することに不寛容であり、そこに潜在的な緊張を抱えている。人類の祖先となった中型の類人猿が、性の対象を占有しようとする傾向をどの程度持っていたのか知りようもないが、しかしいずれにせよ性行動は、たとえ短い時間であっても相手を占有しなければ成立しないものである。性の対象として特定の異性を分配してしまうなら、性対象の占有と同時に、個体間における平等性も確保しうる。すなわち、性の対象をある程度固定的に分配するシステムとしての家族の成立は、乱交的な性関係では避けられなかった性にまつわる緊張関係を軽減するのに、大きな効果を持ったと考えることができる。

家族を形成することは、道具を持ち歩く人類が安全を保障するために支払った代償である。特定の異性を分配することは、同時に、それ以外の多くの異性との性関係が禁止されることにほかならない。この代償が、人類にとってはたしてどれほどのコストであるのか、興味深い問題ではあるが、答えるのは困難である。ただ、いつの世にも、この安全保障のルールに対し、危険を知りつつ挑戦する人びとがいるようであるし、ときに失敗して社会的な信用や命まで落とす人びとがいたということは、たぶん間違いないことである。

加納隆至も、チンパンジーやピグミー・チンパンジーに近い人類は、彼らと同じように乱婚的傾向を保持していると指摘している。そうでありながらも人類の社会は、そんな傾向など持たないかのように振る舞うことを選択した。おそらくそれは、個人的な望みにそった選択であったというよりは、社会が選択したのだと考えねばなるまい。その社会は、存続を脅かす大きな危機をはらんだ社会であったにちがいない。

狩猟や採集、漁撈をおこなう素朴な社会ばかりでなく、食料が頻繁に分配され、交換されることは人類社会に広く知られたことである。すべての食料が分配の対象にされるのではないが、どの社会も分配すべき食料のリストと分配のルールを持っている。期待される分配をしなければその人は、あるときにはあからさまに、あるいはもっと巧妙なさまざまな人類的手法を駆使した非難を浴びることになるだろう。

法体系や司法組織を持たない素朴な社会にあってこそ、分配することが、集団の成員であることを許されるために欠かせない行動とされる。すでに冒頭で、ピグミー社会において、経済的な必要性からは説明できない分配があると述べたが、おそらく人びとはそのようにして、決して隠匿《いんとく》しないことを互いに示しあうのであろう。これは、食べ物の不公平によって生ずるかもしれない不和の原因が、この場には一切ありようがないことの表明であり、確認であるにちがいない。彼らが恐れるのは、食べ物の不均衡による不和の蓄積と、さらにその向こうにおこりうる武器をつかんでの不和の暴発である。

食べ物の分配が社会に普遍的であるのなら、平和への代償としてそれほど高価なものではないだろう。互いに分配し合えば、行き交う食料の不均衡はやがては平均化されるだろうし、また、多くの人が互いに分配し合えば、より多くの種類の食料を食べることもできる。ただ、価値ある食料をその場で食べてしまわずキャンプにまで持ち帰り、惜しむ気持を隠して他の人に分けるには、それなりに我慢が必要である。その努力と我慢が、食べ物をめぐる争いを回避するのに支払う実質的な代償なのである。その努力の背景に、犠牲的な愛の感情や、より適応的な経済的意味を見出すこともできようが、むしろ恐れの感情こそ予想しなければならないだろう。

4　言　語

食と性をめぐる潜在的な緊張をはらんだ類人猿の社会にあっても、その緊張が暴力をともなう激しい争いになることは実際には多くない。彼らは、音声や身体表現をともなってなされる挨拶行動や宥和行動によって互いの緊張を解消し、また親和的であることを確認しているのである。ところが、そういった彼らのコミュニケーションにおいては、毛づくろい、抱き合い、交尾の姿勢をとるなど、互いの身体を接近させたり接触することが重要な役割をはたしている。すなわち、互いに攻撃し合わないことを確認するためには、彼らは互いに触れるほど接近しなければならないのである。

だが、棒や石を持った人類が、安全を確認する前に身体を接近させることは、はなはだ危険なことである。石や棒が有効に使える距離に近づく前に、相手をなだめたり、互いに殺し合わないことを確認できていなければならない。身体接触がそこで使えないのなら、接近しなくとも親和的であることを伝え合うことのできる新たなコミュニケーションの手段がなによりも要請されるだろう。人類社会のコミュニケーションにおいて、音声による伝達が類人猿よりもはるかに高度で重要な位置を占めるにいたった背景のひとつがここにあるのだろう。

さて、それでは、こういった状況から予想される原初的な言語活動とはどういうものであったかを考えておきたい。

今日のわれわれがする挨拶は、それを、互いに殺し合わないことの確認であるとは決して考えないものの、互いの関係性と、それなりに親密であることを確認する効果を持ち、結果として殺し合わないことは明らかである。

たとえば、ふたりの男が路上ですれ違う場面の河内方言風会話は、

A「おう、ひさしぶり、ええてんきやないか」
B「ほんまや、きのう、ようけふったけどな」
A「われ、えらいめかしこんでどこいくねん」
B「ちょっとそこまで、やぼようや」
A「そうか、きいつけていきや」
B「おおきに、そのうちにまたいっぱいのも」

といったようなことになるのだろう。

こういった挨拶は、手を振ったり、笑顔を見せたり、うなずき合ったりする身体表現をともなうが、会話の内容を考えてみると、言語を通した意味内容の伝達といったことは、ほとんどどうでも良いかのようである。二人の再会が「ひさしぶり」であり、今日は「ええてんきや」で、昨日雨が降り、Bが「めかしこんで」いることなどは、双方が相手を見た瞬間にすでに明らかなことである。「どこいくねん」とは聞いても、「ちょっとそこまで」と答えるだけで済んでしまうのは、そもそも相手の行先

を本気で聞いているわけでもないし、まともに答える必要のないことも知っているからである。そしてどこへ行くかも知らない相手に向かって「きいつけていきや」と言い、そんな予定が全くないとしても「またいっぱいのも」と言えてしまうのである。

しかし、この場面で相手を無視したり、「ひさしぶり」という語りかけに答えもせず、うなずきもしないで通りすぎるなら、「われ、なめてんのか」ということにもなりかねない。われわれは、挨拶に答えないことが原因となって緊張が生じてくるかのように感じるが、そうではなくて、挨拶を無視すれば、出会うことで生じた緊張が解消されないまま顕在化してしまうのである。相手との関係の定まらない宙ぶらりんな状況に置かれると、われわれの気持はたちまち安定を失うのである。

挨拶で交わされる言葉は、どの民族においても、たいがいこういったものである。天気の良いこと、悪いこと。元気であるのか、悪いのか。身近な事柄で、あるていど自明のことで、しかも人の気分を大きく左右すると思われることについて、リズミカルな言葉を交換する。そして、良い気候がもたらす心地良さや、悪い気候の不愉快さを、ともに共有することが重要なことなのだろう。

こういった会話のさらに重要な特性は、言葉のやりとりが、相手の行動や考えを拘束する方向には向かわない、ということにもあるだろう。約束や命令など、相手の行動を強制したり、あるいは、相手の発言の誤りを指摘することなどは、極力避けられる。「ええてんきやな」に対して、「いえ、きょうは風力が三ですから、いい天気とは言えないと思います」などと答えれば、後はどうなることか。会話の内容の正確さを問い質すことなどは、緊張を強くすることはあっても、それをとっさに解消させることはないのである。

また、知り合いがそばにいれば、人は何とはなしに会話を始めることだろう。「この花きれい」、「あ、星が出た」、「はら減った」といった発話から始まって、行方定めぬ連想のままに、言葉が人の間を行き来する。ムダ話、おしゃべり、井戸端会議などと呼ばれ、仕事人間からはとかく蔑視される傾向にある会話である。この手の会話が、生産や流通といった「重要」な仕事に役立たないばかりか、むしろその邪魔になると評価されているからである。

花から始まった話題が、カレーライスに移りチンパンジーに飛んで、さらにパーマネントやコンニャクに行ったとしても、誰もとがめはしないし、また、話した内容を奇麗さっぱり忘れたとしても、困ることなど何もないのである。ただ記憶として残るのは、話した雰囲気の楽しさや、心をくすぐる話術のうまさや、あるいはただ、あの人とはよくおしゃべりしたな、ということだけである。挨拶が、突然出会ったことで高まった緊張からの緊急避難的要請にそっているのに対して、こういった会話は緊張の程度のもっと低い状況でされるものである。それによって、さらに相手の気心が知れ、気心を許す関係を深めることになるだろう。

最近の日本では、人が「けんか」するのを見かける機会がほとんどないが、先年フィリピンを訪れたとき、二件の「けんか」に出会った。一件は、自転車に乗った一五歳ほどの細身の若者が、二十五、六歳の大柄な男性の足をかすったらしく、怒った男が若者の襟をつかんで大声で罵倒していた。男は三、四回、若者のほほを平手でぴしっと叩いたが、若者は抵抗せず、ただ無言で下を見続けていた。男は一〇分ほども大声でわめき続けていたが、やがて怒りのポテンシャルが低下したらしく、声が小さくなるとともに、罵倒する声の中断することが多くなり、やがて捨てぜりふを投げつけながら離れて行った。

もう一件は、知人の家に泊まった時のことである。夜、隣の家から中年男性のさけびに近い大声が聞こえてきた。知人の家にいた人たちは、何事かと驚き、私も髪の逆立つ思いをしたが、主人が「あいつは酒を飲むとこうなんだ」と困った表情で説明し、またたれかが冗談も言ってくれたので、われわれは一応平静な心に戻ることができた。その家からは、まるで感情の底が抜けてしまったと思える男の大声とともに、この男を懸命になだめる何人かの男女の声もあった。時どき、壁のトタンに人のぶつかる音がして、男は暴れているようであったが、そのたびに、まわりの男女の声が一段と高くなっていた。男のさけび声とトタンを打つ音は、二〇分ほども続いていたが、あれほどの怒りに満ちた大声も徐々にパワーを失って、最後に、数人の男に連れられてその家から立ち去ったようである。結局、怒りに身をまかしたこの男は、大声でわめき、こぜりあいをしただけで、誰も殺さず、誰も傷つけなかった。

人類は、満身の怒りを言葉に託し、それを投げつけて、暴力を回避することができる。「口より先に手が出る」ということがあるが、多くは口のけんかで済ますことができるのである。そのためにぜひとも必要な言葉は、アホ、バカ、マヌケ、カス、ボケナス、シニソコナイといった類のものである。不幸にして激しい怒りの感情にかられたとき、怒りを込めたこういった言葉が使えなければ、結果はさらに悲惨なことになるのではなかろうか。

あるいは、それほど強い怒りではなくとも、相手に不満を感じれば、その程度に応じた非難の意を言葉で伝えもする。いうならそれは、言葉による軽いジャブの応酬によって、当面の不満の原因を除去したり、気分を晴らす狙いを持つのである。

棒や石を持ち歩き、大きな破壊力を手にした人類社会が発達させたであろう原初的な言語は、現代のわれわれの言語活動になぞらえて言うなら、挨拶やムダ話、罵倒や非難などの場面において使う「安全保障の言語」活動であっただろう。人類がそのような言語をいつから持ったのか、直接的な証拠を求めることは不可能であるが、言語活動を発達させた背景を、棒や石を持つことによる社会の危機に求めたことからして、人類出現の初期にはすでに原初的な言語があったものと考えたいのである。

ところで、現代の人類社会において重要視され、意味があると見なされるのは、こういった類の言葉や会話ではなかろう。「ムダ話」でないお話とは、「仕事をする言語」ということになる。話者の気分や感情のゆれ動きに沿うのでなく、意味内容の正確であることや、論理的であることが優先され、共同作業を円滑にして大きな利潤や収穫をもたらし、調査、分析、計画、命令、報告といった場面において使われる言語や会話である。

「仕事をする言語」は、多くの人間を組織化して協同させるのに欠かせない。しかし、だとすれば人類の社会がこのような言語や会話を必要とするにいたったのは、人類が出現してからずいぶん後のことではなかっただろうか。

人類は少なくとも四〇〇万〜五〇〇〇万年前には二足歩行者であったし、前章で述べたように、そのときにはすでに棒や石を持ち歩いたものと考えられ、「安全保障の言語」や分配や家族を必要としたであろう。だが、人類はその後も実に長い間、過去と現生の類人猿たちと同じく、寒くもなく、掘棒があれば年間を通して植物性食料を得ることのできる熱帯環境から抜け出ることはなかったのである。

人類はここで狩猟採集民として生きてきた。おそらくその社会は、現代の熱帯狩猟採集民に見られるように、蓄えることもない離合集散する小さな社会しか持たなかったであろう。そのような社会において、分析や計画、命令、約束といった、多くの人間を組織化する「仕事をする言語」が発達したとは思えないのである。

人類の生息域が熱帯環境から、寒くて採集活動も困難な冬のある温帯環境にまで拡大したのは、今からやっと四〇万〜五〇万年前の、北京原人が生きていた頃のことである。人類は、狩の技術を発達させながら温帯への進出をはたしたが、言語が「仕事をする言語」として適応的な効果を発揮したのは、そのような場面ではなかっただろうか。大型獣を狩らねば生きられなかった中緯度の狩猟民は、狩猟集団のいっそうの組織化によって、狩の成功を確かなものにしていった。数十頭分ものマンモスの骨で住居を作り、ウマを群れごと崖から追い落として殺した後期旧石器時代の狩は、中緯度に進出した人類の狩の技術の極致である。そこでは、多くの狩人が高度に組織化されていることが必須で、調査し、報告し、判断し、指示する「仕事をする言語」の高度な発達がなくてはならなかっただろう。

これに対して、日々の採集活動に大きく頼り、個人で狩に出かけることの多い熱帯の狩猟採集民型の経済は、社会が大きく組織化される動機を欠いている。そのような社会には「仕事をする言語」の必要性もまた少なかったであろう。

現代社会に生きるわれわれは、高い知的能力を持ち、高度な表現能力を持つことが、自然環境を支配し、適応してゆく力と動機の源泉であるかのように考える傾向が強い。しかしながら、必ずしもそう言えないことは、類人猿とオナガザル科の比較によっても明らかである。

ゴリラやチンパンジーが、ヒヒやニホンザルなどのオナガザル科のサルたちより高い知能と高度な表現能力を持つことは誰もが認めることである。しかし、地球上により広く分布し、より多様な自然環境のもとに生きているのはオナガザル科のサルたちの方であって、より知的な類人猿たちではない。類人猿の持つ高い知的能力は、個体数を増加させ、分布域や生息環境を拡大するといった、外への適応能力を高めることに向かう性質のものではないと言わねばなるまい。

ゴリラやチンパンジーは、より高度な表現手段や記憶力を持っていても、果実や昆虫や、ときに小動物を捕らえて食べる彼らの採集戦略はオナガザル科のサルたちのしていることとほとんど変わらない。チンパンジーのする、細い木の棒を使ったアリや白アリ釣り、石を持って固い木の実を割ることなどが、より高い知能が食べ物を得ることに効果を発揮しているわずかな例であろう。しかし、幸島《こうじま》のニホンザルでも、砂浜にまかれた小麦を砂ごと手にすくって水に入れ、砂が洗われて浮いた小麦を食べるといった高等技術をものにしている。彼らのすることも、すでに相当知的なのである。

より高度なコミュニケーションの能力は、協同して敵に立ち向かうことに使うこともできよう。しかし、協同して敵を攻撃するチンパンジーのチームワークが、ニホンザルよりも高度であるとはとても思えないし、また、協力して食べ物を獲得することの見られないことや、危険を察知した個体が警戒音声を出して他個体に伝えることなどは、チンパンジーでもニホンザルでも変わりはないのである。

だとすれば、そもそも類人猿のより高い知的能力や複雑な表現能力が、いかなる場面において使われ消費されているのかを問う必要がある。外の環境へ働きかけることにほとんど使われていない能力なら、それは、彼らの内なる世界、社会の内部において使われ消費される能力であろうと考えなくてはならない。すなわち、すでに述べた彼らの群れ社会における高度に複雑な社会的関係の場面において、彼らはその知的能力をフルに発揮し、消費しつくしているのであろう。

伊谷純一郎は、霊長類社会の発達について、オナガザル類の群れ社会が、母系という、確固とした生物学的きずなを群れ社会の統合原理としているのに対し、雌が生まれた集団を離脱し、母子の関係をきる類人猿の社会は、その制約を持たないが故により大きな可《か》塑《そ》性《せい》を持ち、そこに文化を取り込む余地を残したと指摘している[7]。類人猿の社会が、生物的な社会原理を脱却したアモルファスな社会であるが故に、社会を統合し、維持することに、より高い知的能力と表現手段のすべてを注がなくてはならなかったこともよく理解できる。

動物社会における情報伝達が、外界への適応といったことに関係なく発達することは、たとえばクジャクの尾羽根を考えれば理解し易い。あの見事な羽根は、人の目を楽しますこと以外には、彼らの社会的関係においてしか意味のないものである。外にむかっての適応といったことからすれば、あの長く重く目立つ羽根は、むしろ非適応的であろう。動物は、そういったことに大きな精力を注ぐのである。チンパンジーやゴリラが一日のうちの長い時間を毛づくろいしながらすごすように、初期人類は彼らの原初的な言語を、ムダ話を楽しみ、あるいは、気のきいた挨拶を交わして緊張を解消し、棒で殴り合うかわりに言葉で殴るといったことのために使うのである。

そういった言語がやがて適応的な意味をも持つようになったのは、生まれ故郷の熱帯を離れ、狩猟に大きく頼って暮らし始めた人類の歴史の後期になってからのことであろう。その後の人類史において、「仕事をする言語」はしだいに成長し、そしてついに現代日本の社会では、「安全保障の言語」が「仕事をする言語」のあまりの肥大膨張と過大な評価によって、急速にその力を失いつつあるように思える。教室や家庭における暴力が社会問題化しているが、「安全保障の言語」の衰退の徴候と読めはしないだろうか。

一九歳の青年が、寝ている両親を金属バットで撲殺するという事件があった(8)。どこにでもあるようなごく普通の家庭において、突然のようにこの事件は起こった。石や棒を持つことの危機を回避するものとして、分配、家族、言語の発生を考えてきた筆者には実に気にかかる事件であった。それがごく普通の家庭で起きた事件であることからすれば、現代社会の抱えるある種の危機をそこに見出しておくことも必要なことであろう。

まずはじめに、今日の日本において、殺人に使われる道具のほとんどは殺人専用具ではないということがある。傘、紐、花瓶、灰皿、庖丁、果物ナイフ、金鎚、ナタ、ネクタイ、自動車などが過激な暴力に使われる。生活に必要な道具がそのようにも使えることは、数百万年前の道具の出現以来変わっていない。

「安全保障の言語」が、「仕事をする言語」によって圧迫されているのは、たしかに現代の日本社会における大きな特徴であろう。たとえば教育現場では、形式だけの挨拶が強制され、おしゃべりも、バカヤロウとののしり合うことも禁止された静かな教室から、個々の生徒の心の動きとは無関係に、「水の分子はどんな原子からできてますか。はい山田君、答えなさい」と声がする。会社では「先月の売上げ減少を至急分析して報告してくれ」といった言葉がはてしなく交わされ、そして家庭からは「そんな問題が解けないでどうするの」と聞こえてくる。

大学に行こうとして予備校に通っていたこの青年は、まさにその「仕事をする言語」の習得に苦戦していたことになる。今日の学歴社会にあって、サラリーマンの息子が大学に行こうとするのは当然であろう。彼の父と兄は、一流とされている大学を卒業して大企業に勤務しており、弟が他の人生を考えることは不可能に近い。彼は進学校として知られる高校を目ざしたが、入れたのは第三志望校であった。しかも、そこでもらった初めての成績は、両親を驚かすほど悪かった。その一週間後、彼は突然家出をする。しかもそれは、誰もいない親戚の人の部屋に隠れているというだけの家出であった。

「仕事をする言語」の習得に翻弄され、むしろそれに忠実な中学生であった彼が挫折を感じたとき、彼にはもはや一人でいることしか安心できる場所がなかったのである。彼が、「重要な言葉ですよ」と言われつづけて学んできた「仕事をする言語」は、彼の心を誰かに伝えることにも、誰かになぐさめられ、勇気づけられることにも、家のなかで安心していられることにすら役に立たなかった。

彼は、その後も勉強を続けたが、二度の受験に失敗し、三度目の受験シーズンを前にした秋頃には、予備校にも出なくなり、街をさまよって時間をつぶすことが多くなった。必要なわずかなお金を、父のキャッシュカードを使って手に入れた。事件の夜、そのことが両親に知られたのである。両親は彼を強く非難し、その後、父はさらに彼の部屋に行き、そこでウィスキーを飲んでいる彼を見てしまった。父はほとんど瞬間的に彼を殴りつけ、明日家から出ていけと叫んだということである。父は持つ者、息子はその庇護を受ける者として、分配する－される関係が、ここで切れてしまったのである。そしてまた、怒りを言葉にできなかったのは、この父とて同じであった。「仕事をする言葉」しか使い慣れていない現代人の、とくに知識を売り物にしている高学歴者にとって、それは困難なことなのだろう。

青年は、いつも自分をかばってくれていた母が、その日は父と一緒になって彼を叱ったことに強いショックを受けた、と後に述べている。高学歴化にともなうモラトリアム期の延長と、核家族化にともなう孤立した家族、仕事に追われる父の不在によって、家庭における緊密な母子関係が子どもが成熟した後にまで続くことは、今日の日本の社会に一般的である。受験競争が、家庭の、したがってとくに母の援助を必要とすることは、一流大学合格者家庭の高所得化からも知ることができる。母は、すでに性成熟に達した息子を突き放し、距離を保つこともできない。そして、自分の母を理想的な女性のモデルと答える青年の増加が指摘されている。

しかし、その夜、彼の母は、庇護する母の立場を捨て、はっきりと父の側に立ったのである。彼がショックを受けたのは、叱られたことよりも、母が父の方に行ってしまったことではなかったか。彼はその後、自室にただ一人こもってさらにウィスキーを飲み、深夜、バットを握りしめて階段を降りていった。安全保障の歯止めを失い、むき出しにされてしまった怒りの感情は、一言の言葉になることもなく、ただ暴力として表現するしかなかったのである。

註

第一章

（1）G. Childe, *What Happened in History*, Penguin Books, Middlesex, 1971.

（2）R. K. Hitchcock, "Patterns of Sedentism among the Basarwa of Eastern Botswana", in Leacock and Lee (eds.), *Politics and History in Band Societies*, Cambridge University Press, Cambridge, 1982.

（3）A. R. Radcliffe-Brown, *The Andaman Islanders*, The Free press, New York, 1964.

（4）田中二郎『ブッシュマン』思索社、一九七一年。

（5）市川光雄『森の狩猟民』人文書院、一九八二年。

（6）（3）に同じ。

（7）口蔵幸雄私信。

（8）A. Testart, "The Significance of Food storage among Hunter-Gatherers: Residence Patterns, Population Densities, and Social Inequalities", *Current Anthropology*, Vol. 23, No. 5, pp. 523-537, 1982.

（9）畠中清隆「クルミの形状別分類と欠損部位」、鳥浜貝塚研究グループ編『鳥浜貝塚』2、福井県教育委員会、一九八一年。

第二章

（1）加藤晋平「旧石器時代の漁労活動」『信濃』三三巻四号、二七三―二八四頁、一九八一年。

（2）赤沢威「『定住革命』へのコメント」『季刊人類学』一五巻一号、二九―三五頁、一九八四年。

（3）掛谷誠「『妬み』の生態人類学」大塚柳太郎編『生態人類学』現代のエスプリ別冊、一九八三年。

第三章

（1）西田利貞『野生チンパンジー観察記』中公新書、一九八一年。西田利貞「道具の起源」、大塚柳太郎編『生態人類学』現代のエスプリ別冊、一九八三年。

（2）丹野正「ヒト化と道具の起源」、大塚柳太郎編『生態人類学』現代のエスプリ別冊、一九八三年。

第四章

（1）M・D・サーリンズ『部族民』青木保訳、鹿島出版会、一九七二年。

（2）P. Rowley-Conwy, “Sedentary Hunters: The Ertebolle Example”, in G. Bailey (ed.), *Hunter-Gatherer Economy in Prehistory*, Cambridge University Press, Cambridge, pp. 112-126, 1983.

（3）C. Redman, *The Rise of Civilization*, Freeman, San Francisco, 1978.

（4）S. Struever, *Koster*, Signet, New York, 1979.

（5）W. Wallace, “Post-Pleistocene Archeology, 9000 to 2000 B. C.”, in R. F. Heizer (ed.), *Handbook of North American Indians*, 8 (California), Smithsonian Institution, Washington D. C., pp. 25-36, 1978.

（6）H. Watanabe, “The Ainu”, *Journal of the Faculty of Science*, University of Tokyo, Sec. 5, Vol. 2, Pt. 6, pp. 1-164, 1964.

（7）煎本孝『カナダ・インディアンの世界から』福音館書店、一九八三年。

（8）M. Baumhoff, “Environmental Background”, in R. F. Heizer (ed.), *Handbook of North American Indians*, 8 (California), Smithsonian Institution, Washington D. C., pp. 16-24, 1978.

（9）千野裕道「縄文時代のクリと集落周辺植生」『東京都埋蔵文化財センター研究論集』2、二五―四二頁、一九八三年。

第五章

（1）Ch・エルトン『動物の生態学』渋谷寿夫訳、訳者の解説、一三頁、科学新興社、一九七九年。

（2）前掲書、著者のまえがき、一頁。

（3）今西錦司「ダーウィンと進化論」『世界の名著』39、二五頁、中央公論社、一九六七年。

（4）「陶邑」I、『大阪府文化財調査報告書』第二八輯、大阪府教育委員会、一九七六年。

（5）C. O. Sauer, *Agricultural Origins and Dispersals*, The American Geographical Society, 1952.
R. J. Braidwood, "The Agricultural Revolution", *Scientific American*, 203, pp. 130-148, 1960.

（6）鳥浜貝塚研究グループ編『鳥浜貝塚』1、福井県教育委員会、一九七九年。西田正規「縄文時代の食料資源と生業活動」『季刊人類学』一一巻三号、三―四一頁、一九八〇年。西田正規「縄文時代の人間‐植物関係」『国立民族学博物館研究報告』六巻二号、二三四―二五五頁、一九八一年。

第六章

（1）瀬戸内地方から近畿地方において、縄文時代前期前半、およそ六〇〇〇年前に流行した土器の形式。尖底・丸底の深鉢形をしており、灰黒色で焼成は良好。

第八章

（1）Lewis R. Binford, "Post-Pleistocene Adaptations", in S. R. Binford and L. R. Binford (eds.), *New Perspectives in Archaeology*, Aldine, pp. 313-341, 1968.
R. J. Braidwood, "The Agricultural Revolution", *Scientific American*, 203, pp. 130-148, 1960.
J. Desmond Clark, *The Prehistory of Africa*, Thames and Hudson, 1970.
Kent V. Flannery, "The Ecology of Early Food Production in Mesopotamia", *Science*, 147,

pp. 1247-1256, 1965.
（2）渡辺誠『縄文時代の植物食』雄山閣出版、一九七五年。
（3）安田喜憲「花粉分析」、鳥浜貝塚研究グループ編『鳥浜貝塚』1、福井県教育委員会、一七六―一九六頁、一九七九年。
（4）兵頭正寛『山の活用』富民協会出版部、一九六六年。
（5）西田正規「縄文時代の食料資源と生業活動」『季刊人類学』一一巻三号、三―四一頁、一九八〇年。
（6）渡辺誠編『桑飼下遺跡発掘調査報告書』舞鶴市教育委員会、一九七五年。
（7）江坂輝弥・渡辺誠編『沖ノ原遺跡発掘調査報告書』津南町教育委員会、一九七七年。
（8）前出（6）に同じ。
（9）丹野正「多雪地帯の山村における山菜採集活動について」『季刊人類学』九巻三号、一九四―二三九頁、一九七八年。
（10）本多昇『クリの栽培』富民社、一九五三年。
（11）J. Mellaart, *Earliest Civilizations of the Near East*, Thames and Hudson, 1974.
（12）R. J. Braidwood and B. Howe, "*Prehistoric Investigations in Iraqui Kurdistan*", Oriental Institute Studies in Ancient Oriental Civilizations, No. 31, 1960.
（13）H. T. Waterbolk, "Food Production in Prehistoric Europe", *Science*, 162, pp. 1093-1102, 1968.
（14）浙江省博物館自然組「河姆渡遺跡動植物遺存的鑒定研究」『考古学報』第一期、九五―一〇七頁、一九七八年。

第九章

（1）ル・グロ・クラーク『霊長類の進化』金井塚務訳、どうぶつ社、一九八三年。

（2）河合雅雄・岩本光雄・吉場健二『世界のサル』毎日新聞社、一九六八年。
（3）今西錦司『生物社会の論理』陸水社、一九五八年。
（4）アンドレ・ルロワ＝グーラン『身ぶりと言葉』荒木亨訳、新潮社、一九七三年。
（5）デービッド・ランバート『恐竜』増田孝一郎・小野和子訳、評論社、一九八一年。
（6）杉山幸丸『野生チンパンジーの社会』講談社、一九八一年。
（7）前出（6）に同じ。
（8）R・リーキー、R・レウィン『ヒトはどうして人間になったか』寺田和夫訳、岩波書店、一〇〇頁、一九八一年。
（9）M. McHenry, "Fossil Hominia Body Weight and Brain Size", *Nature*, 254, pp. 686-688, 1975. M. H. Wolpoff, "Posterior Tooth Size, Body Size, and Diet in South African gracile Australopithecines", *Am. J. Phys. Anthrop.*, 39, pp. 375-394, 1973.
（10）D. C. Johanson and T. D. White, "A Systematic Assessment of Early African hominids", *Science*, 203, pp. 321-330, 1979.
（11）渡辺仁『ヒトはなぜ立ちあがったか』（東京大学出版会、一九八五年）にこれらの仮説が解説されている。
（12）E. L. Simons, *Primate Evolution*, Macmillan, 1972.
（13）（1）に同じ。
（14）（12）に同じ、一八五―一八六頁。
（15）西田利貞『野生チンパンジー観察記』中公新書、三二頁、一九八一年。

第十章

(1) 黒田末寿『ピグミー・チンパンジー』筑摩書房、一九八二年。加納隆至『最後の類人猿』どうぶつ社、一九八六年。
(2) 市川光雄『森の狩猟民』人文書院、一九八二年。
(3) H・クルーク『ブチハイエナ』上下(平田久訳、思索社、一九七七年)によった。
(4) 西田利貞『野生チンパンジー観察記』中公新書、一九八一年。
(5) (4)に同じ。
(6) フランス・ドゥ・ヴァール『政治をするサル』西田利貞訳、どうぶつ社、一九八四年。
(7) 伊谷純一郎「社会平等起源論」、伊谷・田中二郎編『自然社会の人類学』アカデミア出版会、一九九六年。
(8) この事件については、佐瀬稔『金属バット殺人事件』(草思社、一九八四年)を参考にした。

あとがき（原本）

数百万年におよぶ人類史は、何十万回も繰り返された世代の一つ一つに、あまたの人の一生を組み込みながら、それがまた刻々と時を食《は》む生き物のごとき独自の姿を示しているにちがいない。

遠い過去は、化石や石器として残る「事実」を手がかりに想像するほかないが、しかし、化石や石器そのものは、たいがいの場合すこぶる味気なく、それを材料にして語る先史時代もまた散文的にならざるを得ない。遠い過去はすでに激しく風化して、荒涼とした砂漠のごとき時間をさらす。過去の破片をたんねんに集めて人類史の時刻表が完成しつつあるのだが、依然としてこの表は、われわれ自身の誕生と成長の物語として語るにはそっけない。

私たちが求めている人類史は、化石の変化でもなければ石器の変遷でもなく、また過去を切り刻むことでもなく、いまに生きる自分の生い立ちを顧みることであったはずである。過去の遺物の変化にしたがって時空間を解体されたままの人類史は、生命を持つこともなく、私たちと心を通わせることもない。忘れてしまいたいと思うにせよ、もう一度帰りたいと思うにせよ、いま生きているこの時間に続く過去を語るのでないのなら、そもそも歴史を語ることの意味がどこにあるだろう。

ここに収録した論文のそれぞれは、そういった筆者の想いから程遠い、とお叱りを受けそうであるが、多方面にわたる分裂症的なテーマの拡散に、そのような人類史の姿を見ようとした意図のあることを、多少なりとも理解して下されば幸いである。

出版にあたって、編集部の渦岡謙一氏には、おだてと知りつつつい乗せられ、励まされたばかりか、そもそもこの本の企画を発想していただいた。感謝いたします。

一九八六年一〇月七日

西田正規

初出一覧（＊印改題）

定住革命　『季刊人類学』一五巻一号、一九八四年
遊動と定住の人類史　『現代思想』一九八四年七月号臨時増刊
狩猟民の人類史　『歴史公論』一九八五年五月号
中緯度森林の定住民　『国立民族学博物館研究報告』一〇巻三号、一九八五年
歴史生態人類学序説＊　『現代のエスプリ』一九八三年一二月号別冊
〝鳥浜村〟の四季＊　『アニマ』一九八一年三月号
「ゴミ」が語る縄文の生活　『歴史読本』一九八五年一一月号
縄文時代の人間－植物関係　『国立民族学博物館研究報告』六巻二号、一九八一年
人類＝手型動物の頂点に立つ＊　書下し
家族、分配、言語の出現　書下し

KODANSHA

本書の原本は、一九八六年、新曜社より『定住革命――遊動と定住の人類史』として刊行されました。

西田正規（にしだ　まさき）

1944年，京都府生まれ。京都大学大学院博士課程退学（自然人類学）。理学博士。筑波大学教授を経て，現在，筑波大学名誉教授。著作に，「縄文時代の安定社会」国立歴史民俗博物館研究報告第87集，西田正規・山極寿一・北村光二編『人間性の起源と進化』，「家族社会の進化と平和力」寺嶋秀明編『平等と不平等をめぐる人類学的研究』などがある。

講談社学術文庫

定価はカバーに表示してあります。

人類史《じんるいし》のなかの定住革命《ていじゅうかくめい》

西田正規《にしだまさき》

2007年３月10日　第１刷発行
2023年10月11日　第11刷発行

発行者　髙橋明男
発行所　株式会社講談社
東京都文京区音羽 2-12-21 〒112-8001
電話　編集（03）5395-3512
販売（03）5395-5817
業務（03）5395-3615

装　幀　蟹江征治
印　刷　株式会社ＫＰＳプロダクツ
製　本　株式会社国宝社
本文データ制作　講談社デジタル製作

ISBN978-4-06-159808-9

「講談社学術文庫」の刊行に当たって

これは、学術をポケットに入れることをモットーとして生まれた文庫である。学術は少年の心を養い、成年の心を満たす。その学術がポケットにはいる形で、万人のものになることは、生涯教育をうたう現代の理想である。

こうした考え方は、学術を巨大な城のように見る世間の常識に反するかもしれない。また、一部の人たちからは、学術の権威をおとすものと非難されるかもしれない。しかし、それはいずれも学術の新しい在り方を解しないものといわざるをえない。

学術は、まず魔術への挑戦から始まった。やがて、いわゆる常識をつぎつぎに改めていった。学術の権威は、幾百年、幾千年にわたる、苦しい戦いの成果である。こうしてきずきあげられた城が、一見して近づきがたいものにうつるのは、そのためである。しかし、学術の権威を、その形の上だけで判断してはならない。その生成のあとをかえりみれば、その根は常に人々の生活の中にあった。学術が大きな力たりうるのはそのためであって、生活をはなれた学術は、どこにもない。

開かれた社会といわれる現代にとって、これはまったく自明である。生活と学術との間に、もし距離があるとすれば、何をおいてもこれを埋めねばならない。もしこの距離が形の上の迷信からきているとすれば、その迷信をうち破らねばならぬ。

学術文庫は、内外の迷信を打破し、学術のために新しい天地をひらく意図をもって生まれた。文庫という小さい形と、学術という壮大な城とが、完全に両立するためには、なおいくらかの時を必要とするであろう。しかし、学術をポケットにした社会が、人間の生活にとってより豊かな社会であることは、たしかである。そうした社会の実現のために、文庫の世界に新しいジャンルを加えることができれば幸いである。

一九七六年六月

野間省一